Henning Mextorf

Kontaktlose Materialcharakterisierung beliebig geformter Objekte

Henning Mextorf

Kontaktlose Materialcharakterisierung beliebig geformter Objekte

Ultra-Breitband Funktechniken und Multivariate Kalibrationsverfahren

Südwestdeutscher Verlag für Hochschulschriften

Impressum / Imprint

Bibliografische Information der Deutschen Nationalbibliothek: Die Deutsche Nationalbibliothek verzeichnet diese Publikation in der Deutschen Nationalbibliografie; detaillierte bibliografische Daten sind im Internet über http://dnb.d-nb.de abrufbar.

Alle in diesem Buch genannten Marken und Produktnamen unterliegen warenzeichen-, marken- oder patentrechtlichem Schutz bzw. sind Warenzeichen oder eingetragene Warenzeichen der jeweiligen Inhaber. Die Wiedergabe von Marken, Produktnamen, Gebrauchsnamen, Handelsnamen, Warenbezeichnungen u.s.w. in diesem Werk berechtigt auch ohne besondere Kennzeichnung nicht zu der Annahme, dass solche Namen im Sinne der Warenzeichen- und Markenschutzgesetzgebung als frei zu betrachten wären und daher von jedermann benutzt werden dürften.

Bibliographic information published by the Deutsche Nationalbibliothek: The Deutsche Nationalbibliothek lists this publication in the Deutsche Nationalbibliografie; detailed bibliographic data are available in the Internet at http://dnb.d-nb.de.

Any brand names and product names mentioned in this book are subject to trademark, brand or patent protection and are trademarks or registered trademarks of their respective holders. The use of brand names, product names, common names, trade names, product descriptions etc. even without a particular marking in this works is in no way to be construed to mean that such names may be regarded as unrestricted in respect of trademark and brand protection legislation and could thus be used by anyone.

Coverbild / Cover image: www.ingimage.com

Verlag / Publisher:
Südwestdeutscher Verlag für Hochschulschriften
ist ein Imprint der / is a trademark of
OmniScriptum GmbH & Co. KG
Heinrich-Böcking-Str. 6-8, 66121 Saarbrücken, Deutschland / Germany
Email: info@svh-verlag.de

Herstellung: siehe letzte Seite /
Printed at: see last page
ISBN: 978-3-8381-1682-2

Zugl. / Approved by: Kiel, CAU, Diss., 2013

Copyright © 2013 OmniScriptum GmbH & Co. KG
Alle Rechte vorbehalten. / All rights reserved. Saarbrücken 2013

Vorwort

Die vorliegende Dissertation entstand während meiner Tätigkeit als wissenschaftlicher Mitarbeiter in der Hochfrequenztechnik der Technischen Fakultät der Christian-Albrechts-Universität zu Kiel. Der wesentliche Teil der Forschungsarbeiten wurde im Rahmen des Projektes „ISOPerm" (Irregularly Shaped Objects - Permittivity) innerhalb des Schwerpunktprogrammes „UKoLoS" (Ultrabreitband-Funktechniken für Kommunikation, Lokalisierung und Sensorik) der Deutschen Forschungsgemeinschaft durchgeführt.

Herrn Prof. Dr.-Ing. Reinhard Knöchel danke ich für die Möglichkeit meine Forschungsarbeiten durchzuführen sowie für die Betreuung und Unterstützung. Mein weiterer Dank gilt Herrn Prof. Dr.-Ing. Arne Jacob und Herrn Prof. Dr.-Ing. Dr.-Ing. habil. Robert Weigel für die Übernahme der Begutachtung.

Ich bedanke mich bei Herrn Dr. Mike Kent und Herrn Dr.-Ing. Frank Daschner für die zahlreichen Diskussionen und Ratschläge, ihre Expertise hat maßgeblich zum erfolgreichen Abschluss von „ISOPerm" und zur Entstehung meiner Dissertation beigetragen. Beim praktischen Arbeiten im Labor habe ich oftmals nützliche Tipps von Herrn Dipl.-Ing. (FH) Wolfgang Taute erhalten und von seinem Erfahrungsschatz profitiert. Im Rahmen ihrer Abschlussarbeiten haben Herr Dipl.-Ing. Robert Martens, Herr Dipl.-Ing. Philipp Schluchter, Herr Dipl.-Ing. Martin Falb, Herr B. Sc. Christoph Plüschke und Herr B. Sc. Timo Chorrosch wertvolle Beiträge in den Bereichen Antennen- und Schaltungsentwicklung sowie FPGA-Programmierung geleistet.

Des Weiteren bedanke ich mich bei allen Mitarbeitern der Hochfrequenztechnik für die sehr gute Arbeitsatmosphäre, insbesondere bei meinen ehemaligen und derzeitigen Bürokollegen Herrn Dr.-Ing. Thomas Lehmann, Herrn Dr.-Ing. Falk Hettstedt, Herrn Dipl.-Ing. Rachid el Korch, Herrn Dipl.-Ing. Wilhelm Stellmach und Herrn Dr. Iulian Teliban.

Kiel, im Juni 2013

Henning Mextorf

Kurzfassung

Diese Arbeit stellt ein Freiraum-Verfahren vor, mit dem die Charakterisierung von dielektrischen Objekten unabhängig von ihrer geometrischen Form, Größe und Orientierung möglich ist. Dielektrische Objekte unregelmäßiger Form werden mit UWB-Signalen beleuchtet. Anteile der gestreuten Pulse werden mit mehreren Empfangsantennen aufgenommen. Diese enthalten sowohl Informationen über die geometrischen, als auch über die dielektrischen Eigenschaften. Um diese Informationen voneinander zu trennen, erfolgt die Anwendung statistischer Verfahren, die bereits aus anderen Bereichen wie der Bildverarbeitung oder der Nahinfrarotspektroskopie bekannt und etabliert sind. Dieser Ansatz wird anhand von Simulationen und Messungen überprüft.

Mehrere Simulationsreihen mit nicht-dispersiven und dispersiven Objekten werden durchgeführt. Die gewonnenen Zeitbereichsdaten werden dann den statistischen Verfahren Hauptkomponentenanalyse und -Regression, Partial-Least-Squares-Regression, künstlichen neuronalen Netzen und linearer Diskriminanzanalyse zugeführt. Damit ist es möglich, statistische Modelle für die dielektrischen Eigenschaften der Objekte zu entwickeln. Auch andere Parameter, wie z.B. das Volumen, können vorhergesagt werden. Eine Klassifizierung der Objekte ist ebenfalls möglich. Hierbei geht es um die Klassifizierung bezüglich der geometrischen Erscheinung, aber auch der dielektrischen Eigenschaften. Es wird untersucht, wie sich die Qualität der Empfangssignale auf die Genauigkeit der statistischen Verfahren auswirkt.

Es wird ein vollständig automatisiertes Messsystem zur Evaluierung des Verfahrens in der Praxis unter Laborbedingungen vorgestellt. Im Speziellen wird auf das Antennensystem und dessen Entwicklung, die Messsignalgenerierung- und abtastung und die Signalvorverarbeitung eingegangen. Vier Messreihen verschiedenartiger Objekte werden vorgestellt. Mit den statistischen Verfahren ist es möglich, Materialparameter wie Wassergehalt, Feuchte, Graphitgehalt und Permittivität zu bestimmen. Die Genauigkeit der Verfahren wird mit Hilfe von Referenzverfahren bewertet und verglichen.

Um für das mit Laborgeräten untersuchte Verfahren Praxistauglichkeit nachzuweisen, wird ein dediziertes Zeitbereichs-Transmissions-Messsystem entwickelt, welches speziell auf die Anforderungen zugeschnitten ist. Es kommt dementsprechend mit weit weniger Hardware und Software aus und ist zudem kompakter und kostengünstiger als ein universelles Laborgerät. Die Entwicklung des Systems, seine Leistungsfähigkeit und ausgewählte Messreihen und deren Auswertung werden vorgestellt.

Abstract

This work presents a free-space method for the dielectric characterization of objects independent from their shape, size and orientation. Irregularly shaped dielectric objects are illuminated by ultra-wideband signals. The scattered pulses are received by an array of antennas. These pulses contain information about the geometric as well as the dielectric properties. Multivariate calibration is applied in order to separate this information. These statistical methods are known and established e.g. in image processing and near-infrared spectroscopy. The proposed method is verified by simulations and measurements.

Several series of simulations with non-dispersive and dispersive objects are carried out. The generated time domain data is then subjected to principal component analysis and regression, partial least squares regression, artificial neural networks and linear discriminant analysis. Using these methods it is possible to develop statistical models for the dielectric properties of the objects. Other parameters can be predicted as well. A classification into classes of geometric appearance or dielectric behaviour is possible. It is investigated how the quality of the received pulses affects the accuracy of the applied statistical methods.

A completely automated measurement system is proposed, built to evaluate the methods in practice under laboratory conditions. In particular, the antenna system and its design, the signal generation and sampling and the signal pre-processing are shown. It is possible to determine water content, moisture, carbon-content and dielectric constant. The accuracy is evaluated and compared using reference methods.

The method having been evaluated with laboratory equipment is then investigated regarding more practical conditions by the construction of a dedicated, specially tailored time domain transmission measurement system. It functions with less hardware and software, is more compact, and is cheaper than a universal laboratory instrument. The development and the performance of the system are presented. Selected measurement series and their evaluation are shown.

Inhaltsverzeichnis

1	**Einleitung**	**1**
2	**Stand der Technik und Wissenschaft**	**5**
3	**Elektrotechnische Grundlagen**	**9**
3.1	Wechselwirkungen dielektrischer Objekte mit elektromagnetischen Feldern	9
	3.1.1 Die Maxwell'schen Gleichungen	9
	3.1.2 Wellenausbreitung im Freiraum	11
	3.1.3 Streuung an dielektrischen Objekten	11
3.2	Dielektrische Messverfahren	12
3.3	Ultra-Breitband Technologie	14
4	**Multivariate Kalibrationsverfahren**	**17**
4.1	Hauptkomponenten-Analyse und -Regression	17
4.2	Partial-Least-Squares-Regression	20
4.3	Künstliche neuronale Netze	22
4.4	Lineare Diskriminanzanalyse	24
4.5	Bewertungskriterien	25
5	**Feldsimulationen**	**27**
5.1	Geometrie und Konfiguration des Simulators	27
5.2	Nicht-dispersive Objekte	30
	5.2.1 Auswertung	37
5.3	Dispersive Objekte	48
	5.3.1 Einbindung gemessener dielektrischer Spektren	49

INHALTSVERZEICHNIS

	5.3.2	Auswertung	50
5.4		Polarisationsdiversität	59
5.5		Klassifikation	65
5.6		Rechenaufwand	67
5.7		Zusammenfassung Feldsimulationen	68

6 Messungen   **71**

- 6.1 Messaufbau ... 71
  - 6.1.1 Antennensysteme ... 71
    - 6.1.1.1 Eine kompakte dual polarisierte UWB-Antenne ... 72
    - 6.1.1.2 Dual polarisierte UWB-Antennengruppen ... 74
  - 6.1.2 Messsignalgenerierung und -Abtastung ... 78
  - 6.1.3 Gesamtsystem ... 80
- 6.2 Signalvorverarbeitung ... 83
- 6.3 Messreihen ... 85
  - 6.3.1 Nicht-dispersive Objekte ... 86
    - 6.3.1.1 Herstellung und Beschreibung der Objekte ... 86
    - 6.3.1.2 Bestimmung der Permittivität ... 87
    - 6.3.1.3 Bestimmung von Rotationswinkel und Volumen ... 92
    - 6.3.1.4 Geometrische Klassifizierung ... 92
  - 6.3.2 Objekte aus Silikon und Graphit ... 93
    - 6.3.2.1 Herstellung und Beschreibung der Objekte ... 94
    - 6.3.2.2 Bestimmung des Graphitgehaltes und der Masse ... 97
  - 6.3.3 Objekte aus Wasser-Ethanol-Mischungen ... 98
    - 6.3.3.1 Herstellung und Beschreibung der Objekte ... 98
    - 6.3.3.2 Bestimmung der Zusammensetzung ... 98
  - 6.3.4 Objekte aus feuchtem Tongranulat ... 98
    - 6.3.4.1 Herstellung und Beschreibung der Objekte ... 98
    - 6.3.4.2 Bestimmung des Feuchtegehaltes ... 101
- 6.4 Zusammenfassung Messungen ... 101

7 Dediziertes Messsystem — 105

- 7.1 Entwicklung eines Abtastoszilloskops ... 105
  - 7.1.1 Prinzip des sequenziellen zeitäquivalenten Abtastens ... 106
  - 7.1.2 System-Entwurf und Entwicklung der Komponenten ... 107
  - 7.1.3 Gesamtsystem und seine Leistungsfähigkeit ... 109
  - 7.1.4 Ausgewählte Messreihe ... 110
  - 7.1.5 Vereinfachtes System mit Wilkinson-Teiler ... 115
  - 7.1.6 Korrelation mit Umgebungsgrößen ... 117
- 7.2 Vergleich mit einem M-Sequenz-System ... 118
  - 7.2.1 Systemaspekte ... 118
  - 7.2.2 Ausgewählte Messreihe ... 119
- 7.3 FPGA-basiertes Abtastoszilloskop ... 122
  - 7.3.1 Systemaspekte ... 122
  - 7.3.2 Ausgewählte Messreihe ... 125
- 7.4 Zusammenfassung dediziertes Messsystem ... 128

8 Zusammenfassung — 129

Literaturverzeichnis — 133

Eigene Publikationen — 141

Abkürzungs- und Symbolverzeichnis — 143

Abbildungsverzeichnis — 147

Tabellenverzeichnis — 155

A Ergänzende Abbildungen — 157

- A.1 Dual polarisierte Vivaldi Antennen ... 157
- A.2 Strahlungsdiagramme ... 158
- A.3 Mikrocontroller ... 159
- A.4 Konfiguration des FPGAs ... 160
- A.5 Erzeugung von M-Sequenzen ... 161
- A.6 Reflexionsmessverfahren ... 161

INHALTSVERZEICHNIS

Kapitel 1

Einleitung

In der heutigen Zeit ist die Überwachung von Prozessen in Industrie und Wissenschaft zu einem außerordentlich bedeutenden Thema geworden. Hierbei sind Informationen über Zwischen- und Endprodukte bezüglich ihrer Materialeigenschaften und Zusammensetzung von großem Wert. Auch abstraktere Charakteristika wie die Qualität oder Frische eines Produktes bedürfen einer objektiven Bewertung. In der Lebensmittelindustrie ist beispielsweise der Wassergehalt bzw. der Anteil von künstlich zugesetztem Wasser oder die Lagerdauer von großem Interesse, in anderen Bereichen wie der Holzwirtschaft z.B. die Feuchte der Materialien. Konventionelle Verfahren zur Bestimmung der Zusammensetzung bzw. des Feuchtegehaltes erfordern in der Regel eine aufwendige Präparation der Proben und ziehen die Zerstörung dieser nach sich. Zudem sind derartige Verfahren meist nicht für den Einsatz im laufenden Prozess geeignet. Speziell Naturprodukte sind in der Regel inhomogen, dispersiv und anisotrop, d.h. ihre dielektrischen Eigenschaften sind orts-, frequenz- und richtungsabhängig. Es kann davon ausgegangen werden, dass sie nichtmagnetisierbar sind. Ihre Zusammensetzung ist meist sehr komplex und eine allgemeine physikalische Modellierung der dielektrischen Eigenschaften außerordentlich schwierig. Zudem sind sie oft unregelmäßig geformt, wenn sie nicht entsprechend vorverarbeitet oder aufbereitet wurden. Dies verdeutlicht die Notwendigkeit und die Vorteile eines Verfahrens zur kontaktlosen Charakterisierung unregelmäßig geformter dielektrischer Objekte.

Diese Arbeit beschäftigt sich mit der Entwicklung eines kontaktlosen sowie zerstörungsfreien Messverfahrens, welches anhand von Simulationen und Messungen mit verschiedenen, im Gegensatz zu echten Naturstoffen weniger komplexen Objekt- und Materialklassen validiert wird. Das zu untersuchende Objekt wird durch eine Sendeantenne mit einem ultra-breitbandigen (engl. ultra-wideband, UWB) Signal beleuchtet und das vom Objekt gestreute Signal mit mehreren Empfangsantennen aufgenommen. Die Abmessungen des

KAPITEL 1. EINLEITUNG

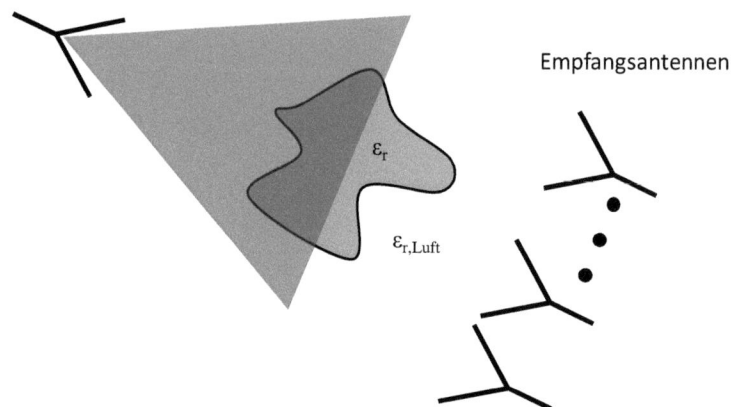

Abbildung 1.1: *Eine elektromagnetische Welle beleuchtet ein unregelmäßig geformtes dielektrisches Objekt. Anteile des gestreuten Feldes werden mit mehreren Empfangsantennen aufgenommen.*

Objektes liegen im Bereich des Spektrums der Wellenlängen des Signals und die ausgeleuchtete Fläche der Sendeantenne ist größer als das Objekt selbst. Die Verhältnisse sind in Abbildung 1.1 veranschaulicht. Die Empfangssignale beinhalten Informationen über die geometrischen und die dielektrischen Eigenschaften des Objektes. Da eine physikalische Modellierung aufgrund der Komplexität des Problems zu aufwendig, wenn überhaupt möglich, erscheint, werden multivariate Kalibrationsverfahren angewendet, um die dielektrischen von den geometrischen Eigenschaften zu separieren. Die Verwendung von UWB-Signalen erbringt Informationen über einen breiten Frequenzbereich, was besonders bei der Charakterisierung dispersiver Objekte von Vorteil ist. Es ist also nicht angestrebt, eine gewünschte physikalische Zielgröße direkt zu messen, vielmehr wird eine Fülle von Messdaten aufgenommen, aus denen dann die Zielgröße bestimmt wird.

Die vorliegende Arbeit ist wie folgt gegliedert: Kapitel 2 gibt zunächst einen Überblick über den aktuellen Stand der Technik und Wissenschaft, um die in dieser Arbeit vorgestellten Ergebnisse einzuordnen. In Kapitel 3 werden elektrotechnische Grundlagen vorgestellt. Dabei geht es um die Interaktion zwischen elektromagnetischen Wellen und dielektrischen Objekten, sowie dielektrische Messverfahren und einige Aspekte der UWB-Technologie. Kapitel 4 behandelt einige ausgewählte multivariate Kalibrationsverfahren wie die Hauptkomponentenregression, Partial-Least-Squares-Regression und künstliche neuronale Netze sowie die lineare Diskriminanzanalyse.

Kapitel 5 stellt eine Reihe verschiedener Feldsimulationen mit nicht-dispersiven und dispersiven Objekten vor. Es werden gemessene dielektrische Spektren in die Simulationen eingebunden. Detailliert wird auf die Anwendung und die Leistungsfähigkeit der statistischen Verfahren aus Kapitel 4 eingegangen. Zudem wird die Polarisationsdiversität verschiedener Antennenkonfigurationen untersucht. In Kapitel 6 werden ein Messsystem und unter Laborbedingungen durchgeführte Messreihen vorgestellt. Es werden mehrere Messreihen präsentiert, wobei Objekte aus Keramik (quasi nicht-dispersiv im verwendeten Frequenzbereich), Silikon und Graphit, Wasser und Ethanol und feuchtem Tongranulat untersucht werden. Die Auswertung der Simulations- und Messdaten erfolgt mit den in Kapitel 4 vorgestellten Kalibrationsverfahren. Es werden kontinuierliche statistische Modelle zur Bestimmung der dielektrischen Eigenschaften bzw. der Zusammensetzung und anderer Parameter entwickelt, aber auch Klassifizierungsalgorithmen zur geometrischen Klassifizierung und Vorverarbeitung verwendet.

Die Entwicklung eines dedizierten Zeitbereichs-Messsystems, welches die vorher verwendeten Laborgeräte ersetzt, ist in Kapitel 7 beschrieben. Dabei geht es vornehmlich um die Evaluation der Leistungsfähigkeit des Messverfahrens unter praktischen Bedingungen. Es werden ausgewählte Messreihen durchgeführt und deren Auswertung präsentiert. Die Leistungsfähigkeit wird durch einen Vergleich mit den Ergebnissen aus Kapitel 6 bewertet.

Die in dieser Arbeit erzielten Ergebnisse sind in Kapitel 8 zusammengefasst und quantitativ mit Ergebnissen aus anderen Publikationen verglichen.

Kapitel 2

Stand der Technik und Wissenschaft

Im Mikrowellenbereich existiert eine Vielzahl unterschiedlicher Messverfahren zur Bestimmung der dielektrischen Permittivität und der magnetischen Permeabilität [1–4]. Es gibt kontaktierende und Freiraum-Verfahren. Konventionelle Freiraum-Verfahren haben die Einschränkung, dass das Messobjekt regelmäßig geformt sein muss und z.b. eine planparallele oder leicht gekrümmte Platte darstellt [5]. Zudem muss die durch die verwendete Antenne ausgeleuchtete Fläche kleiner sein als das Objekt selbst, um Beugungseffekte auszuschließen. Es wird zudem davon ausgegangen, dass eine ebene Welle auf das Objekt trifft. Solche Verfahren sind in der Regel Präzisionsmessverfahren, bei denen es um eine möglichst akkurate Bestimmung der Eigenschaften des Messobjektes geht. Sie eignen sich meist nicht zum kostengünstigen Einsatz als industrielles Verfahren zur schnellen Charakterisierung sehr vieler Objekte, wie es beispielsweise auf einem Förderband der Fall ist. Da diesen Verfahren einfache physikalische Modelle zu Grunde liegen, welche in der Regel den Zusammenhang zwischen gemessenen Streuparametern und den Eigenschaften regelmäßig geformter Schichten beschreiben, versagen sie bei der Charakterisierung unregelmäßig geformter Objekte.

Das dielektrische Spektrum eines Materials, d.h. der Permittivitätsverlauf über der Frequenz, ist im Allgemeinen korreliert mit dem Zustand des Materials, wie z.B. dem Feuchtegehalt, der Frische oder der Lagerdauer. Oft ist eine physikalische Modellierung der Materialeigenschaften unter der Verwendung von Mischungsformeln und dielektrischen Relaxationen sehr schwierig. Dann können multivariate Kalibrationsverfahren verwendet werden, um die gewünschte Zielgröße zu bestimmen. Mit diesen Verfahren wird nicht die physikalische Zielgröße direkt gemessen. Aus einer Vielzahl von Messungen, z.B. aus dem dielektrischen Spektrum, werden gewünschte Parameter indirekt bestimmt [6]. Multivariate Kalibrationsverfahren wurden in der Vergangenheit bereits in einigen wissenschaftlichen Arbeiten aus dem Bereich der Mikrowellensensorik angewendet. In [7] wurden künst-

KAPITEL 2. STAND DER TECHNIK UND WISSENSCHAFT

liche neuronale Netze (engl. artificial neural network, ANN), Hauptkomponentenregression (engl. principal component regression, PCR) und Partial-Least-Squares-Regression (PLSR) angewendet, um aus kontaktierend gemessenen dielektrischen Spektren von Mischungen aus Hefe und Weizenkeimen das Mischungsverhältnis vorherzusagen. In [8] wurden ebenfalls mit kontaktierenden Messverfahren bestimmte dielektrische Spektren von Geflügelfleisch einer PCR zugeführt, um zugesetztes Wasser, Stickstoff und Aschegehalt zu bestimmen. In [9] wurden Mikrowellen-Spektren von verschiedenen Tabaksorten mit unterschiedlichen Feuchtegehalten einer multiplen linearen Regression (engl. multiple linear regression, MLR), einer PLSR und ANNs zugeführt, um den Feuchtegehalt zu bestimmen. In [10, 11] wurden dielektrische Spektren mit den multivariaten Verfahren MLR, PCR, PLSR und ANN verarbeitet, um die Zusammensetzung von Lebensmitteln zu bestimmen. Bei all diesen Methoden wurden die dielektrischen Spektren kontaktierend und mittels Frequenzbereichsverfahren bestimmt und dann multivariaten Kalibrationsverfahren unterzogen. Dies geschah, um abstrakte, physikalisch schwierig zu modellierende Größen zu bestimmen.

In [12, 13] wurde ein kontaktierendes UWB-Verfahren für den Zeitbereich entwickelt. Zeitbereichsdaten wurden durch die Vermessung von Meeresfrüchten mit einem Zeitbereichsreflektometer gewonnen. Damit konnte mittels multivariater Kalibrationsverfahren (MLR, PCR, PLSR, ANN) auf die Qualität der Meeresfrüchte geschlossen werden.

Es existieren ebenfalls Verfahren für die Materialcharakterisierung im Freiraum. Beispielsweise wurde in [14] mit einem kontaktlosen schmalbandigen Transmissions-Verfahren die Feuchte von Kiefernholz mittels PLSR bestimmt. Die vermessenen Holzplatten waren von regelmäßiger Form. In [12, 15] wurde mit einem UWB-Verfahren die Feuchte von Tongranulat ermittelt. Hierbei wurde das Tongranulat näherungsweise in die Form einer planparallelen Platte gebracht und dann vermessen. Es kamen u.a. PCR und ANN für die Auswertung der Zeitbereichsdaten der Transmission zum Einsatz. Bei diesen Verfahren war der ausgeleuchtete Querschnitt des elektromagnetischen Feldes am Objekt stets kleiner als das Objekt selbst, so dass das gesamte Mikrowellensignal das Messgut durchdringen musste.

In [16] wurde ein kontaktloses UWB-Verfahren vorgestellt, mit dem die dielektrischen Eigenschaften von Objekten mittels PCR und ANN bestimmt werden können. Die Abmessungen der Objekte lag im Bereich des Spektrums der verwendeten Wellenlängen, der Querschnitt des elektromagnetischen Feldes im Bereich des zu vermessenden Objektes war weit größer als das Objekt selbst. Das Verfahren beschränkte sich allerdings auf regelmäßige Geometrien wie Würfel und Kugeln mit konstanter Permittivität.

Allerdings existiert im Mikrowellenbereich bisher kein Verfahren zur Charakterisierung unregelmäßig geformter Objekte im Freiraum, sei es zur Bestimmung des dielektrischen Spektrums oder anderer Materialeigenschaften. Aus diesem Grunde beschäftigt sich diese Arbeit mit der Entwicklung eines solchen Verfahrens.

Kapitel 3

Elektrotechnische Grundlagen

3.1 Wechselwirkungen dielektrischer Objekte mit elektromagnetischen Feldern

3.1.1 Die Maxwell'schen Gleichungen

Die Maxwell'schen Gleichungen beschreiben den Zusammenhang zwischen elektrischen und magnetischen Feldkomponenten. In den Gleichungen 3.1 - 3.4 sind sie zeitabhängig und in differentieller Form dargestellt.

$$\mathrm{rot}\vec{H} = \vec{J} + \frac{\partial \vec{D}}{\partial t} \tag{3.1}$$

$$\mathrm{rot}\vec{E} = -\frac{\partial \vec{B}}{\partial t} \tag{3.2}$$

$$\mathrm{div}\vec{D} = \rho \tag{3.3}$$

$$\mathrm{div}\vec{B} = 0 \tag{3.4}$$

Gleichung 3.1 ist auch als Ampère'sches Gesetz, 3.2 als Induktionsgesetz, 3.3 als Coulomb'sches Gesetz und 3.4 als Gauß'sches Gesetz bekannt. Hierbei sind $\vec{H}$ und $\vec{E}$ magnetische und elektrische Feldstärke, $\vec{B}$ und $\vec{D}$ magnetische und elektrische Flussdichte.

KAPITEL 3. ELEKTROTECHNISCHE GRUNDLAGEN

Die elektrische Stromdichte ist mit $\vec{J}$ und die Raumladungsdichte mit ρ bezeichnet. Die Materialgleichungen (3.5-3.7) beschreiben den Einfluss, der durch die Anwesenheit eines Materials hervorgerufen wird.

$$\vec{D} = \epsilon_0 \epsilon_r \vec{E} \tag{3.5}$$

$$\vec{B} = \mu_0 \mu_r \vec{H} \tag{3.6}$$

$$\vec{J} = \kappa \vec{E} \tag{3.7}$$

Die Permittivität $\epsilon_0 = 8{,}854 \cdot 10^{-12}$ As/Vm und die Permeabilität $\mu_0 = 4\pi \cdot 10^{-7}$ Vs/Am des freien Raumes sind Naturkonstanten. Die relative Permittivität ϵ_r, die relative Permeabilität μ_r und die Leitfähigkeit κ sind Eigenschaften des Materials. Es wird im Folgenden davon ausgegangen, dass die betrachteten Materialien nicht magnetisch sind und somit $\mu_r = 1$ ist. Führt man die elektrische Suszeptibilität $\chi = \epsilon_0(\epsilon_r - 1)$ ein, so ergibt sich mit Gleichung 3.5:

$$\vec{D} = (\chi + \epsilon_0)\vec{E} = \chi \vec{E} + \epsilon_0 \vec{E} = \vec{P} + \epsilon_0 \vec{E} \quad . \tag{3.8}$$

Hierbei ist $\vec{P}$ die Polarisation. Es existieren verschiedenen Polarisierungs-Mechanismen. Die elektronische Polarisation ist die räumliche Verschiebung von Atomkern und Elektronenwolke, hervorgerufen durch ein externes elektrisches Feld. Dieser Effekt tritt im Bereich des sichtbaren und ultra-violetten Lichtes auf. Wird ein Molekül aus verschiedenartigen Atomen gebildet, so teilen diese sich die Elektronen normalerweise nicht symmetrisch. Vielmehr sind die Elektronenwolken exzentrisch zum bindungsstärkeren Atom hin verschoben, wodurch gegenpolige Ladungen entstehen. Als atomare Polarisation bezeichnet man die Verschiebung der beteiligten Atome durch ein externes elektrisches Feld. Sie tritt im Infrarot-Bereich auf. Polare Moleküle haben asymmetrisch verteilte Ladungen und ein permanentes Dipolmoment. Die Ausrichtung dieser Dipole durch ein externes elektrisches Feld nennt man Orientierungspolarisation. Dieser Effekt tritt im Mikrowellenbereich auf. Im kHz- bis MHz-Bereich ist zudem der Maxwell-Wagner-Effekt zu beobachten. Ladungsträger sammeln sich z.B. an Grenzflächen an und führen zu Feldverzerrungen [1,17].

Treten Polarisierungsverluste ϵ_p und Ohmsche Verluste auf, so lässt sich die relative Permittivität als komplexwertige Größe

3.1. WECHSELWIRKUNGEN DIELEKTRISCHER OBJEKTE MIT ELEKTROMAGNETISCHEN FELDERN

$$\epsilon_r = \epsilon_r' - j\left(\epsilon_p + \frac{\kappa}{\omega\epsilon_0}\right) = \epsilon_r' - j\epsilon_r'' \tag{3.9}$$

schreiben, wobei ω die Kreisfrequenz ist. In der Realität sind Materialien meist verlustbehaftet, zudem sind insbesondere Naturstoffe derart beschaffen, dass ihre dielektrischen Eigenschaften sowohl frequenz- und temperaturabhängig als auch inhomogen und anisotrop sind. Die Frequenzabhängigkeit wird auch als Dispersion bezeichnet.

3.1.2 Wellenausbreitung im Freiraum

Eine harmonische, elektromagnetische, ebene Welle im konstanten und ladungsfreien Raum kann durch die elektrische Feldkomponente

$$\vec{E} = \vec{E}_0 e^{j(\omega t - \vec{k}^T \vec{r} + \phi)} \tag{3.10}$$

und die magnetische Feldkomponente

$$\vec{H} = \frac{\vec{n} \times \vec{E}}{Z} = \frac{\vec{n} \times \vec{E}_0}{Z} e^{j(\omega t - \vec{k}^T \vec{r} + \phi)} \tag{3.11}$$

beschrieben werden. Die Welle mit der Kreisfrequenz ω breitet sich in Richtung des Wellenvektors $\vec{k}$ mit $k = |\vec{k}| = \omega\sqrt{\epsilon_0 \epsilon_r \mu_0 \mu_r}$ und $\vec{n} = \frac{\vec{k}}{k}$ aus. Der Wellenwiderstand ist als $Z = \sqrt{\frac{\mu_0 \mu_r}{\epsilon_0 \epsilon_r}}$ definiert. Die Welle ist eine transversal-elektromagnetische-Welle (TEM-Welle), da die Vektoren des elektrischen und magnetischen Feldes und der Wellenvektor senkrecht aufeinander stehen. Sie kann verschiedene Polarisationszustände haben. Man spricht von einer linear polarisierten Welle, wenn $\vec{E}_0$ eine konstante Richtung hat, zum Beispiel wenn gilt: $\vec{E}_0 = E_x \vec{e}_x$, mit dem Einheitsvektor $\vec{e}_x$ in x-Richtung und der Amplitude E_x. Elliptische Polarisation kann durch die Überlagerung zweier linear polarisierter Wellen gleicher Frequenz und Ausbreitungsrichtung beschrieben werden. Die Materialeigenschaften ϵ_r und μ_r bestimmen den Wellenwiderstand Z und die Ausbreitungsgeschwindigkeit der Welle.

3.1.3 Streuung an dielektrischen Objekten

In vorherigen Kapitel 3.1.2 wurde die Wellenausbreitung im konstanten ladungsfreien Raum besprochen. Im Gegensatz dazu treten bei Diskontinuitäten und Inhomogenitäten

KAPITEL 3. ELEKTROTECHNISCHE GRUNDLAGEN

des Materials verschiedene Erscheinungen wie Reflexion, Brechung, Beugung und Absorption auf. Als Sammelbegriff wird oftmals auch der Begriff Streuung verwendet. Betrachtet man ein dielektrisches Objekt, welches sich im Freiraum befindet und von einer elektromagnetischen Welle beleuchtet wird, so hängt die Feldverteilung von folgenden Parametern ab:

- Größe des Objektes
- Dielektrische Eigenschaften des Objektes
- Form des Objektes
- Wellenlänge der elektromagnetischen Welle

Die Streuung elektromagentischer Wellen an Objekten kann basierend auf dem Verhältnis zwischen Objektdurchmesser d und Wellenlänge λ in drei Bereiche aufgeteilt werden:

- $\frac{d}{\lambda} \ll 1$: Rayleigh-Streuung
- $\frac{d}{\lambda} \approx 1$: Mie-Streuung
- $\frac{d}{\lambda} \gg 1$: Geometrische Optik

Die Mie-Theorie beschreibt die Streuung einer elektromagnetischen Welle an einer Sphäre [18]. Sie schließt den Bereich der Rayleigh-Streuung und der geometrischen Optik ein. Analytische exakte Lösungen existieren beispielsweise ebenfalls für einen Zylinder bei schräg einfallender Welle [19], jedoch nicht für beliebig geformte dielektrische Körper.

3.2 Dielektrische Messverfahren

Es existiert eine Vielzahl von dielektrischen Messverfahren im Mikrowellenbereich [1–4]. Alle basieren auf dem Einfluss der dielektrischen Eigenschaften auf das elektromagnetische Feld, siehe Kapitel 3.1.1. Zunächst kann man kontaktierende und sogenannte Freiraum-Verfahren unterscheiden. Freiraum-Verfahren erfordern in der Regel eine wohldefinierte Geometrie des Messobjektes, z.B. eine planparallele oder eine leicht gekrümmte Platte [5]. Zudem darf der Querschnitt des elektromagnetischen Feldes am Messobjekt nicht größer sein als das Objekt selbst. Derartige Verfahren eignen sich nicht für die Charakterisierung unregelmäßig geformter Objekte, deren Größe im Bereich der Wellenlänge liegt. Es wird

3.2. DIELEKTRISCHE MESSVERFAHREN

Abbildung 3.1: *Befüllbarer TEM-Wellenleiter mit APC-7 Steckverbindern. Die Messzelle ist durch Teflonblöcke begrenzt.*

ebenfalls zwischen Messungen im Frequenz- und im Zeitbereich und zwischen breitbandigen und resonanten Verfahren unterschieden.

In dieser Arbeit werden breitbandige Referenzmessungen mit einer offenen Koaxialleitung[1] und mit einem befüllbaren TEM-Wellenleiter [20], wie in Abbildung 3.1 abgebildet, zur Bestimmung der dielektrischen Eigenschaften von Proben verwendet. Die Messungen werden im Frequenzbereich mit einem Netzwerkanalysator[2] durchgeführt.

Der befüllbare Wellenleiter wurde mit Hilfe des Feldsimulators CST Microwave Studio [21] modelliert und optimiert. Er hat zwei Übergänge von 7 mm Koaxialleitungen auf einen Wellenleiter aus zwei planparallelen Platten mit Innenleiter. Die eigentliche Messzelle befindet sich in der Mitte. Sie ist durch Teflon-Blöcke begrenzt, von beiden Seiten zugänglich und einfach zu befüllen. Es wird nur der Transmissionsparameter nach [22] ausgewertet, so dass eine transzendente Gleichung numerisch gelöst werden muss. Dies geschieht mit dem Rechenprogramm Matlab [23].

Abbildung 3.2 zeigt als Beispiel für die Messgenauigkeit die dielektrischen Eigenschaften von Ethanol. Messungen mit der offenen Koaxialleitung, dem befüllbaren TEM-Wellenleiter und solche die im UK national standards laboratory, NPL, durchgeführt wurden [24] werden miteinander verglichen. Man erkennt gute Übereinstimmung im Rahmen der Reinheit der Substanz.

---

[1] Hewlett-Packard HP85070B dielectric probe kit
[2] Agilent E8361A

KAPITEL 3. ELEKTROTECHNISCHE GRUNDLAGEN

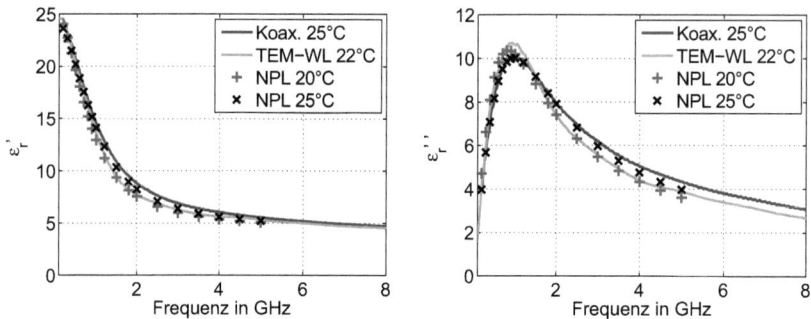

Abbildung 3.2: *Dielektrisches Spektrum von Ethanol. Vergleich von Messungen mit der offenen Koaxialleitung, Messungen mit dem befüllbaren TEM-Wellenleiter und Daten des UK national standards laboratory [24].*

3.3 Ultra-Breitband Technologie

Die amerikanische Regulierungsbehörde Federal Communications Commission (FCC) definiert Ultra-Breitband (UWB) Systeme als Systeme mit einer absoluten -10dB-Bandbreite $BW > 500$ MHz oder einer relativen -10dB-Bandbreite von $bw > 0{,}2$. Diese Definition ist von der Industrie weitgehend akzeptiert. Die FCC beschäftigte sich ab 1998 mit UWB [25]. Im Jahre 2002 wurde das Regulierungsverfahren abgeschlossen [26]. In Deutschland gab die Bundesnetzagentur 2008 Frequenzbereiche für die UWB-Nutzung frei [27, 28]. Die Regularien geben maximal abgestrahlte spektrale Leistungsdichte in den zugewiesenen Frequenzbereichen, je nach Anwendung, vor. Der Begriff UWB stammt ursprünglich aus einer Studie der Defense Advanced Research Projects Agency (DARPA) bezüglich Radarsystemen mit einer hohen relativen Bandbreite [29]. Die UWB-Technologie hat ihren Ursprung allerdings bereits in den frühen 1960er Jahren und wurde als Zeitbereichs-Elektromagnetismus bezeichnet [30].

Die UWB-Technologie wird beispielsweise in der Telekommunikation eingesetzt. Durch die hohe Bandbreite sind hochratige Datenübertragungen realisierbar. Zudem ist eine Koexistenz mit schmalbandigen Systemen möglich. In der Sensorik ermöglicht UWB im Gegensatz zu schmalbandigen Verfahren die Akquirierung von Messdaten bei vielen unterschiedlichen Frequenzen innerhalb einer hohen Bandbreite. Dies ist insbesondere bei der Charakterisierung von dispersiven Dielektrika von Vorteil. In [31] und [32] finden sich weitere Anwendungen.

Pulse mit Pulsdauern im Nanosekunden-Bereich und darunter haben ein ultra-breitbandiges Spektrum im Gigahertz-Bereich. Der Zusammenhang zwischen einem Signal $s(t)$ im Zeit-

3.3. ULTRA-BREITBAND TECHNOLOGIE

bereich und $S(\omega)$ im Frequenzbereich kann durch die inverse Fouriertransformation beschrieben werden:

$$s(t) = \frac{1}{2\pi} \int_{-\infty}^{+\infty} S(w) e^{j\omega t} \mathrm{d}t \quad . \tag{3.12}$$

Das Signal im Frequenzbereich $S(\omega)$ liefert bei jeder Kreisfrequenz ω einen Beitrag zu einem Zeitpunkt t des Zeitbereichssignals $s(t)$. Messungen mit Sensoren können sowohl im Zeit- als auch im Frequenzbereich durchgeführt werden. Der Vorteil von Zeitbereichsmessungen liegt in der hohen Geschwindigkeit und dem geringeren Aufwand bzw. den geringeren Kosten. Bei der Verwendung eines Netzwerkanalysators steht der Vorteil der hohen Sensitivität einer langen Messdauer und verhältnismäßig hohen Kosten gegenüber.

Kapitel 4

Multivariate Kalibrationsverfahren

Multivariate Kalibrationsverfahren ermöglichen die Extraktion gewünschter Zielvariablen aus einer großen Anzahl von unabhängigen Variablen. Diese Verfahren haben vielfältige Anwendungsgebiete und werden z.b. im Bereich der Bildverarbeitung oder Nahinfrarotspektroskopie (engl. Near-infrared spectroscopy, NIR) eingesetzt [6]. Zur Mikrowellensensorik, speziell der Materialcharakterisierung, haben sie bisher in [7–16, 33] Anwendung gefunden. In [14–16] wurden sie zur kontaktlosen Charakterisierung von Objekten mit regelmäßiger Geometrie eingesetzt. Es können auch abstraktere Größen, deren physikalische Modellierung sehr aufwändig sein kann, bestimmt werden. Unter Anwendung solcher Verfahren erfordert die Präparation von Proben wenig Aufwand. Es werden nicht selektive Größen gemessen, sondern aus einer Vielzahl von Messgrößen die Zielgrößen bestimmt [6]. In diesem Kapitel sollen einige dieser Verfahren vorgestellt werden. Sie werden mit Matlab [23] implementiert.

4.1 Hauptkomponenten-Analyse und -Regression

Die Grundidee der Hauptkomponentenanalyse (engl. Principal Component Analysis, PCA) ist die Reduzierung der Dimension eines Datensatzes mit einer Fülle von Variablen mit möglicherweise starker Kollinearität auf eine möglichst geringe Zahl aussagekräftiger Linearkombinationen der Daten unter Beibehaltung eines möglichst großen Teils der Varianz [6,34]. Die PCA geht auf Pearson zurück, der sich mit der geometrischen Approximation von Linien oder Ebenen an Datensätze im n-dimensionalen Raum beschäftigte [35]. Im Folgenden wird eine mathematische Beschreibung der Hauptkomponenten-Analyse und -Regression vorgestellt.

KAPITEL 4. MULTIVARIATE KALIBRATIONSVERFAHREN

Sei $V \in \mathbb{R}^{2N \times P}$ eine Datenmatrix, die in Kalibrationsdaten $V_k \in \mathbb{R}^{N \times P}$ und Validationsdaten $V_v \in \mathbb{R}^{N \times P}$ mit je N Proben und P Variablen aufgeteilt wird. Die vom Mittelwert $\bar{v}_k$ befreiten und mit der Standardabweichung $\sigma_{\bar{v}_k}$ skalierten Daten der Kalibration sind durch die Matrix

$$X_k = \left[V_k - \begin{bmatrix} 1 \\ \vdots \\ 1 \end{bmatrix} [\bar{v}_k^1, \ldots, \bar{v}_k^P] \right] \begin{bmatrix} \frac{1}{\sigma_{\bar{v}_k^1}} & \cdots & 0 \\ \vdots & \ddots & \vdots \\ 0 & \cdots & \frac{1}{\sigma_{\bar{v}_k^P}} \end{bmatrix} \in \mathbb{R}^{N \times P} \quad (4.1)$$

definiert. Für die Validationsdaten werden der Mittelwert und die Standardabweichung der Kalibrationsdaten zur Normierung verwendet:

$$X_v = \left[V_v - \begin{bmatrix} 1 \\ \vdots \\ 1 \end{bmatrix} [\bar{v}_k^1, \ldots, \bar{v}_k^P] \right] \begin{bmatrix} \frac{1}{\sigma_{\bar{v}_k^1}} & \cdots & 0 \\ \vdots & \ddots & \vdots \\ 0 & \cdots & \frac{1}{\sigma_{\bar{v}_k^P}} \end{bmatrix} \in \mathbb{R}^{N \times P} \quad . \quad (4.2)$$

Die Hauptkomponenten der Kalibrationsdaten H_k können nach

$$H_k = X_k L_k \quad (4.3)$$

mit der Transformationsmatrix $L_k \in \mathbb{R}^{P \times P}$ berechnet werden. Diese setzt sich aus den Eigenvektoren der Kovarianzmatrix von X_k zusammen, wobei die Eigenvektoren nach dem Betrag der Eigenwerte mit dem Größten beginnend eingetragen werden. Die Hauptkomponenten sind unkorreliert. Die erste Hauptkomponente hat die größte Varianz, die zweite die zweitgrößte usw. [6]. Die Hauptkomponenten der Validation H_v lassen sich mit der Transformationsmatrix der Kalibration schätzen:

$$\hat{H}_v = X_v L_k \quad . \quad (4.4)$$

Hierbei wird vorausgesetzt, dass die Kalibrationsgruppe die Validationsgruppe hinreichend genau repräsentiert. In dieser Arbeit werden Kalibrations- und Validationsgruppe zu gleichen Teilen per Zufall aufgeteilt. In der Praxis ist die Anzahl der Validationsproben unbegrenzt. Einige ausgewählte Hauptkomponenten der Kalibration

4.1. HAUPTKOMPONENTEN-ANALYSE UND -REGRESSION

$$\tilde{\boldsymbol{H}}_k = \left[\begin{bmatrix} 1 \\ \vdots \\ 1 \end{bmatrix}, \vec{h}_k^1, \ldots, \vec{h}_k^A \right], \quad A < P \tag{4.5}$$

werden einer multiplen linearen Regression zugeführt. Zudem ist die erste Spalte von $\tilde{\boldsymbol{H}}_k$ wegen der im Allgemeinen mittelwertbehafteten Zielvariable mit Einsen besetzt. Dabei soll sich die Zielvariable $\vec{z}_k$ nach

$$\vec{z}_k = \tilde{\boldsymbol{H}}_k \vec{\beta} + \vec{e} \tag{4.6}$$

mit dem Fehlervektor $\vec{e}$ berechnen lassen. Eine Minimierung des Fehlers nach der Methode der kleinsten Quadrate liefert den geschätzten Regressionskoeffizienten $\vec{\beta}$ [36]:

$$\vec{\beta} = \left(\tilde{\boldsymbol{H}}_k^T \tilde{\boldsymbol{H}}_k \right)^{-1} \tilde{\boldsymbol{H}}_k^T \vec{z}_k \quad . \tag{4.7}$$

Es lassen sich nun sowohl die Zielvariablen der Kalibration als auch die Zielvariablen der Validation schätzen:

$$\vec{\hat{z}}_k = \tilde{\boldsymbol{H}}_k \vec{\beta} \quad , \tag{4.8}$$

$$\vec{\hat{z}}_v = \tilde{\hat{\boldsymbol{H}}}_v \vec{\beta} \quad . \tag{4.9}$$

Hierbei sind $\tilde{\hat{\boldsymbol{H}}}_v$ die ausgewählten geschätzten Hauptkomponenten der Validation, wobei die erste Spalte aus Einsen besteht:

$$\tilde{\hat{\boldsymbol{H}}}_v = \left[\begin{bmatrix} 1 \\ \vdots \\ 1 \end{bmatrix}, \vec{h}_v^1, \ldots, \vec{h}_v^A \right], \quad A < P \quad . \tag{4.10}$$

Die Auswahl der Hauptkomponenten kann durch eine schrittweise Regression realisiert werden [37]. Beginnend mit der ersten Hauptkomponente wird überprüft, ob die einzelnen schrittweise hinzugefügten weiteren Hauptkomponenten zur Verbesserung des Regressionsmodells beitragen. Es werden nur diejenigen Hauptkomponenten verwendet, die den Fehler der Kalibration und Validation minimieren. In dieser Arbeit wird die schrittweise Regression mit Hauptkomponenten als Hauptkomponentenregression (engl. Principal Component Regression, PCR) bezeichnet.

KAPITEL 4. MULTIVARIATE KALIBRATIONSVERFAHREN

4.2 Partial-Least-Squares-Regression

Partial-Least-Squares-Regression (PLSR) wurde ursprünglich als statistisches Hilfsmittel für die Ökonomie entwickelt [38], dann aber auch für naturwissenschaftliche Anwendungen eingesetzt, z.B. in der Sensorik [6]. Ähnlich wie bei der PCR ist es auch hier das Ziel, Datensätze mit einer Fülle von kollinearen Variablen auf wenige aussagekräftige Faktoren zu reduzieren. Anders als bei der PCR wird bei der PLSR auch die abhängige Variable oder Zielvariable aktiv verwendet. Es existiert eine Vielzahl von Algorithmen, hier soll ein sehr einfacher und effizienter Algorithmus vorgestellt werden [6, 39]. Wie in Kapitel 4.1 wird zunächst in Kalibrations- und Validationsdatensätze $\boldsymbol{V}_k \in \mathbb{R}^{N \times P}$ und $\boldsymbol{V}_v \in \mathbb{R}^{N \times P}$ aufgeteilt. Die vom Mittelwert befreiten und mit der Standardabweichung skalierten Daten der Kalibration $\boldsymbol{X}_k$ und der Validation $\boldsymbol{X}_v$ lassen sich nach den Gleichungen 4.1 und 4.2 berechnen. Für die Validationsdaten werden der Mittelwert und die Standardabweichung der Kalibrationsdaten angenommen.

Die Zielvariable wird ebenfalls vom Mittelwert befreit und als

$$\vec{y}_k = \vec{z}_k - \begin{bmatrix} 1 \\ \vdots \\ 1 \end{bmatrix} \bar{\vec{z}}_k \qquad (4.11)$$

definiert. Der iterative Algorithmus der PLSR beginnt mit dem Setzen der Laufvariablen zu $h = 1$. Die Arbeitsvariablen werden gesetzt zu

$$\boldsymbol{X}_{h-1} = \boldsymbol{X}_k \qquad (4.12)$$

und

$$\vec{y}_{h-1} = \vec{y}_k \quad . \qquad (4.13)$$

Der Gewichtungsfaktor $\vec{w}_h$ wird geschätzt als

$$\vec{w}_h = c_w \boldsymbol{X}_{h-1}^T \vec{y}_{h-1} \qquad (4.14)$$

mit

$$c_w = \sqrt{\vec{y}_{h-1}^T \boldsymbol{X}_{h-1} \boldsymbol{X}_{h-1}^T \vec{y}_{h-1}} \quad . \qquad (4.15)$$

4.2. PARTIAL-LEAST-SQUARES-REGRESSION

Eine Schätzung des Vektors $\vec{t}_h$ ist gegeben durch

$$\vec{t}_h = \boldsymbol{X}_{h-1}\vec{w}_h \quad . \tag{4.16}$$

Die sogenannten spektralen Ladungen $\vec{p}_h$ werden nach

$$\vec{p}_h = \frac{\boldsymbol{X}_{h-1}^T \vec{t}_h}{\vec{t}_h^T \vec{t}_h} \tag{4.17}$$

geschätzt. Der Koeffizient q_h wird mit

$$\hat{q}_h = \frac{\vec{y}_{h-1}^T \vec{t}_h}{\vec{t}_h^T \vec{t}_h} \tag{4.18}$$

geschätzt. Im nächsten Iterationsschritt werden die Arbeitsvariablen aktualisiert:

$$\boldsymbol{X}_h = \boldsymbol{X}_{h-1} - \vec{t}_h \vec{p}_h^T \quad , \tag{4.19}$$

$$\vec{y}_h = \vec{y}_{h-1} - \vec{t}_h \hat{q}_h \quad . \tag{4.20}$$

Die Prozedur wird solange wiederholt, bis der maximale Iterationsschritt H erreicht ist. Es können dann die Matrizen

$$\hat{\boldsymbol{W}} = \left[\vec{w}_1, \ldots, \vec{w}_H\right] \quad , \tag{4.21}$$

$$\hat{\boldsymbol{P}} = \left[\vec{p}_1, \ldots, \vec{p}_H\right] \quad , \tag{4.22}$$

$$\vec{\hat{q}} = [\hat{q}_1, \ldots, \hat{q}_H] \tag{4.23}$$

geschrieben werden. Eine Schätzung des Regressionsvektors ist mit

$$\vec{b} = \hat{\boldsymbol{W}} \left(\hat{\boldsymbol{P}}^T \hat{\boldsymbol{W}}\right)^{-1} \vec{\hat{q}} \tag{4.24}$$

gegeben. Die Zielvariablen der Kalibration und der Validation können nun mit

KAPITEL 4. MULTIVARIATE KALIBRATIONSVERFAHREN

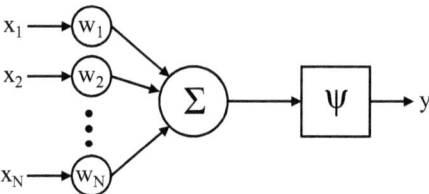

Abbildung 4.1: *Aufbau eines einzelnen Neurons.*

$$\vec{\hat{z}}_k = \boldsymbol{X}_k \vec{b} + \begin{bmatrix} 1 \\ \vdots \\ 1 \end{bmatrix} \bar{z}_k \quad (4.25)$$

und

$$\vec{\hat{z}}_v = \boldsymbol{X}_v \vec{b} + \begin{bmatrix} 1 \\ \vdots \\ 1 \end{bmatrix} \bar{z}_k \quad (4.26)$$

geschätzt werden. Um eine Überanpassung[1] zu vermeiden, werden nicht beliebig viele Faktoren in die Regression mit einbezogen. Es wird eine optimale Anzahl von Iterationsschritten H_{opt} gesucht, bei der ein Minimum des Fehlers der Validation unter einem maximalen zulässigen Quotienten aus den Fehlern von Validation und Kalibration auftritt.

4.3 Künstliche neuronale Netze

Künstliche neuronale Netze (engl. Artificial Neural Networks, ANNs) basieren auf Beobachtungen in der Biologie, sind aber rein mathematische Konstrukte und haben mit biologischen neuronalen Netzen wenig Gemeinsamkeiten [40]. Ein ANN besteht aus vernetzten Neuronen; in Abbildung 4.1 ist ein einzelnes Neuron und in Abbildung 4.2 ein neuronales Netz dargestellt.

Die Eingangsvariable des Neurons ist der Eingangsvektor $\vec{x}$. Mit den Gewichten $\vec{w}$ und der Aktivierungsfunktion ψ kann die Ausgangsvariable $y = f(\vec{x})$ mit

---
[1]Überanpassung bedeutet, dass das statistische Modell für die Kalibrationsdaten überragende Ergebnisse liefert, für die Validationsdaten hingegen um Größenordnungen schlechter ist. Siehe hierzu auch Kapitel 4.5.

4.3. KÜNSTLICHE NEURONALE NETZE

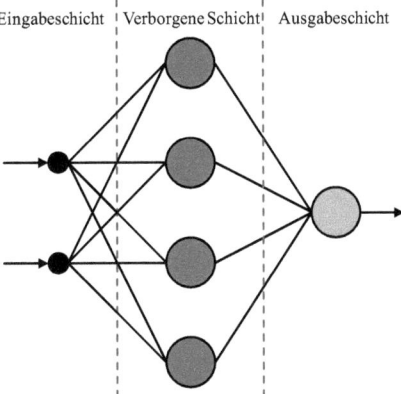

Abbildung 4.2: *Aufbau eines Multi-Layer-Feed-Forward-Netzes mit einer verborgenen Schicht.*

$$y = \psi \left(\sum_{i=1}^{P} w_i x_i \right) = \psi \left(\vec{w}^T \vec{x} \right) \quad (4.27)$$

berechnet werden. Es gibt eine ganze Reihe verschiedener Aktivierungsfunktionen [40,41].

Für die Funktionsapproximation werden in der Literatur Multi-Layer-Feed-Forward-Netze (MLFFs) empfohlen [42]. Diese zeichnen sich dadurch aus, dass der Informationsfluss nur in eine Richtung stattfindet. Sie besitzen mindestens eine verborgene Schicht. Jedes Neuron der ersten verborgenen Schicht ist mit allen gewichteten Eingangsvariablen verbunden. Die Ausgänge sind mit den Eingängen der nächsten verborgenen Schicht oder der Ausgabeschicht verbunden. Die in dieser Arbeit verwendeten ANNs haben eine Gestalt wie in Abbildung 4.2 , die Eingangsvariablen sind beispielsweise ausgewählte Hauptkomponenten (siehe Kapitel 4.1). In der verborgenen Schicht befinden sich Neuronen mit nichtlinearen Aktivierungsfunktionen, speziell Tangenssigmoid- oder logarithmische Sigmoidfunktionen. Die Ausgabeschicht ist linear und besitzt ein Neuron. Das Training der Netze wird mit einem sogenannten Backpropagation-Algorithmus durchgeführt. Um eine Überanpassung zu verhindern werden die Fehler der Kalibration und der Validation während des Trainings beobachtet und das Training frühzeitig gestoppt.

PCR und PLSR können nur lineare oder schwach nichtlineare Funktionen approximieren, wogegen sich MLFFs mit nichtlinearen Aktivierungsfunktionen besser für die Approximation nichtlinearer Funktionen eignen.

KAPITEL 4. MULTIVARIATE KALIBRATIONSVERFAHREN

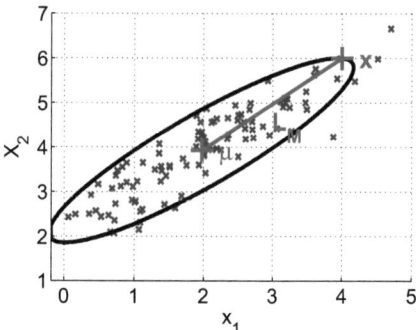

Abbildung 4.3: *Visualisierung der Mahalanobis-Distanz im zweidimensionalen Raum.*

4.4 Lineare Diskriminanzanalyse

Die vorgestellten multivariaten Methoden werden in dieser Arbeit für die Approximation kontinuierlicher Funktionen eingesetzt. Die lineare Diskriminanzanalyse (engl. Linear Discriminant Analysis, LDA) ermöglicht eine Klassifikation in verschiedene Gruppen. Es gibt eine Reihe weiterer Methoden zur Klassifizierung [43]. Die LDA wird beispielsweise zur Gesichtserkennung in der optischen Bildverarbeitung benutzt [44–46].

Die LDA wird in dieser Arbeit folgendermaßen verwendet: Zunächst wird eine Vorverarbeitung der Daten mittels PCA durchgeführt. Die ausgewählten Hauptkomponenten der Kalibration und die geschätzten ausgewählten Hauptkomponenten der Validation seien $\tilde{H}_k$ und $\tilde{H}_v$. Es gebe B Klassen, die Klassen der Kalibrationsobjekte seien bekannt. Sei Σ die Kovarianzmatrix der Kalibrationdaten und μ_b der Mittelwert der Hauptkomponenten der b-ten Klasse der Kalibrationsdaten, so können für die n-te Probe der Validation mit ihren A Hauptkomponenten $\vec{h}_v^n$ die Distanzen

$$L_{nb} = \overbrace{\left(\vec{h}_v^n - \vec{\mu}_b\right)^T \Sigma^{-1} \left(\vec{h}_v^n - \vec{\mu}_b\right)}^{=L_M} + \log|\Sigma| - 2\log\pi_b \qquad (4.28)$$

berechnet werden. Es werden für jede Probe B Distanzen berechnet. Hierbei werden die a priori Wahrscheinlichkeiten π_b der b-ten Klasse berücksichtigt. Die n-te Probe wird der Klasse zugeordnet, zu der die Distanz L_{nb} die geringste ist. Der erste Teil L_M der Gleichung 4.28 wird auch als Mahalanobis-Distanz bezeichnet. Punkte gleicher Mahalanobis-Distanz zu einer Punktewolke befinden sich im Zweidimensionalen auf einer Ellipse um den Mittelwert der Punktewolke. Die Ellipse ist ein mit der Inversen der Kovarianzmatrix der Punktewolke skalierter Kreis. In Abbildung 4.3 ist dies visualisiert. Werden für die einzelnen Klassen unterschiedliche Kovarianzmatrizen angenommen, so führt dies auf die sogenannte quadratische Diskriminanzanalyse.

Mit der LDA können beispielsweise Objekte in geometrische Klassen eingeordnet werden, es können aber auch abstraktere Klassen definiert werden und Verfahren wie PCR, PLSR, ANN beschränkt auf einzelne Klassen angewendet werden. Dies ermöglicht die Entwicklung kontinuierlicher Modelle in beschränkten Wertebereichen der Zielvariablen.

4.5 Bewertungskriterien

Die in diesem Kapitel 4 vorgestellten Methoden sollen quantitativ bewertet werden. Hierzu wird mit dem absoluten Fehler der Kalibration

$$\vec{e}_k = \vec{z}_k - \vec{\hat{z}}_k \tag{4.29}$$

und dem Fehler der Validation

$$\vec{e}_v = \vec{z}_v - \vec{\hat{z}}_v \tag{4.30}$$

die Wurzel des mittleren Fehlers (engl. root mean square error, RMSE) der Kalibration

$$RMSE_k = \sqrt{\frac{\vec{e}_k^T \vec{e}_k}{N}} \tag{4.31}$$

und die Wurzel des mittleren Fehlers der Validation

$$RMSE_v = \sqrt{\frac{\vec{e}_v^T \vec{e}_v}{N}} \tag{4.32}$$

berechnet. Es ist N sowohl gleich der Anzahl der Kalibrationsproben als auch gleich der Anzahl der Validationsproben. Die Wurzel des mittleren Fehlers ist eine absolute Größe. Man kann entsprechend auch die relativen Fehler ermitteln, indem man auf die tatsächliche Zielgröße normiert. Ein weiteres Maß für die Güte eines statistischen Modells ist das Verhältnis zwischen RMSE und dem Wertebereich der Zielvariable (engl. range error ratio, RER) [47, 48][2]:

---
[2]Hier wird, im Gegensatz zu den genannten Referenzen, der RMSE anstatt des Standardfehlers (engl. standard error, SE) verwendet. Für eine große Anzahl von Datensätzen ergibt sich jedoch praktisch kein Unterschied.

KAPITEL 4. MULTIVARIATE KALIBRATIONSVERFAHREN

$$RER_k = \frac{\max \vec{z}_k - \min \vec{z}_k}{RMSE_k} \quad , \qquad (4.33)$$

$$RER_v = \frac{\max \vec{z}_v - \min \vec{z}_v}{RMSE_v} \quad . \qquad (4.34)$$

Ein Maß für die Qualität der linearen Approximation an die Kalibrationsdaten ist das multiple Bestimmtheitsmaß

$$R^2 = 1 - \frac{\vec{e}_k^T \vec{e}_k}{\left(\vec{z}_k - \begin{bmatrix} 1 \\ \vdots \\ 1 \end{bmatrix} \bar{z}_k\right)^T \left(\vec{z}_k - \begin{bmatrix} 1 \\ \vdots \\ 1 \end{bmatrix} \bar{z}_k\right)} \qquad (4.35)$$

und das adjustierte Bestimmtheitsmaß

$$R^2_{adj} = R^2 - \left(1 - R^2\right) \frac{P}{N - P - 1} \quad . \qquad (4.36)$$

Beim letzteren gehen die Anzahl der Proben N und die Anzahl der Variablen P und damit die Komplexität des Modells mit ein. Das multiple Bestimmtheitsmaß ist ähnlich dem RER, da auch hier die Variation der Fehler und anstatt des Wertebereiches die Variation der Zielvariablen eingehen.

Bei der Bewertung der Diskriminanzanalyse wird die Anzahl der falsch klassifizierten Proben bezogen auf die Anzahl aller Proben in Kalibration und Validation herangezogen.

Bei allen vorgestellten Verfahren (PCR, PLSR, ANN, LDA) kann es zu Überanpassung (engl. overfitting) kommen. Überanpassung bedeutet, dass das statistische Modell für die Kalibrationsdaten überragende Ergebnisse liefert, also überangepasst ist. Für andere Daten, z.B. die Validationsdaten, liefert es hingegen nur schlechte Ergebnisse. Dies äußert sich darin, dass die Fehler der Kalibration und der Validation sehr unterschiedlich groß sind, sich teilweise um mehrere Größenordnungen unterscheiden. Dies wird bei der PCR vermieden, indem durch eine schrittweise Regression nur zuvor selektierte Variablen bei der Regression verwendet werden. Bei der PLSR wird ein optimaler maximaler Iterationsschritt H_{opt} bestimmt. Bei den ANNs werden der Fehler der Kalibration und der Fehler der Validation während des Trainings beobachtet und das Training bei beginnender Überanpassung frühzeitig gestoppt.

Kapitel 5

Feldsimulationen

In diesem Kapitel soll der in Kapitel 1 beschriebene Freiraum-Ansatz anhand von Feldsimulationen untersucht werden. Hierzu wird eine Fülle von unregelmäßig geformten Testobjekten mit UWB-Pulsen beleuchtet. Das gestreute Feld wird dann mit einer Gruppe aus idealen Feldsonden aufgenommen. Multivariate Kalibrationsverfahren werden sodann eingesetzt, um dielektrische von geometrischen Einflüssen zu separieren und statistische Modelle für die dielektrischen Eigenschaften der Objekte zu entwickeln. Die Untersuchung mittels Feldsimulationen bietet den Vorteil, dass Voruntersuchungen mit geringem Aufwand durchgeführt werden können, denn der Aufbau eines Messsystems und die Herstellung und Charakterisierung der Testobjekte ist nicht notwendig.

5.1 Geometrie und Konfiguration des Simulators

Für alle hier vorgestellten Simulationen wird der Feldsimulator CST Microwave Studio [21] verwendet. Diese Software beinhaltet ein Lösungsverfahren zur Lösung der Maxwell'schen Gleichungen im Zeitbereich nach der Finiten-Integral-Methode (engl. Finite Integration Technique, FIT). Diese Methode ist der Finiten-Differenzen-Methode im Zeitbereich (engl. Finite Difference Time Domain, FDTD) sehr ähnlich [49]. Die numerische Lösung der Maxwell'schen Gleichungen im Zeitbereich bietet für breitbandige Anwendungen Vorteile gegenüber der Lösung im Frequenzbereich, denn es können breitbandige Resultate innerhalb eines Simulationsdurchlaufes berechnet werden [50]. Ein Signal mit einem breiten Frequenzspektrum erstreckt sich im Zeitbereich nur über eine kurze Dauer, was zu einer kurzen Simulationszeit führt. Es können allerdings Probleme bei Resonanzen mit hoher Güte auftreten. Da das elektromagnetische Feld in diesem Fall nur langsam abklingt, verlängert sich die Simulationsdauer signifikant.

KAPITEL 5. FELDSIMULATIONEN

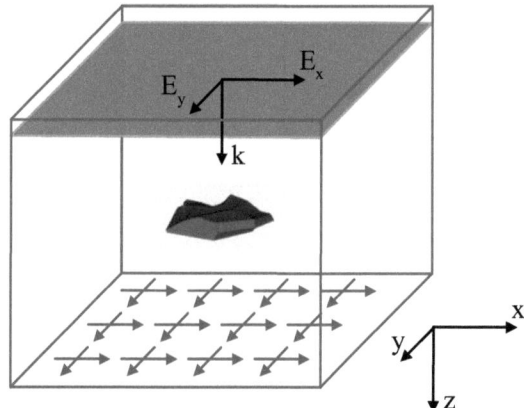

Abbildung 5.1: *Prinzipielle Simulationsgeometrie.*

Um den Rechenaufwand gering zu halten, wird auf die Modellierung des in der Praxis notwendigen Antennensystems verzichtet und eine idealisierte Simulationsgeometrie nach Abbildung 5.1 verwendet. Dies spielt eine besondere Rolle, da innerhalb einer Simulationsreihe eine große Anzahl von Simulationsdurchläufen im Bereich von mehreren hundert durchgeführt wird. Eine möglichst große Anzahl verschiedenartiger simulierter Objekte ist für eine statistische Auswertung der später angewendeten multivariaten Methoden notwendig. Ein in der Simulation enthaltenes Antennensystem müsste so unverändert immer wieder mit berechnet werden, obwohl dies keinerlei neue Information liefert. Deshalb wird mit einer ideal vorgegebenen ebenen in z-Richtung laufenden Welle angeregt. In der Realität besitzt eine Antenne natürlich einen Frequenzgang und ein frequenzabhängiges Abstrahlverhalten. Zudem kann man insbesondere im Nahbereich nicht von der Abstrahlung ebener Wellen ausgehen.

Die in der Simulation verwendete ebene Welle besitzt die elektrischen Feldkomponenten E_x und E_y. Sie beleuchtet das Testobjekt, beispielsweise ein unregelmäßig geformtes dielektrisches Objekt, von oben. Unterhalb des Testobjektes wird das gestreute elektromagnetische Feld mittels einer zweidimensionalen Anordnung aus idealen Feldsonden gewonnen. Jeweils zwölf Feldsonden nehmen das elektrische Feld in x- und y- Polarisation auf. In allen Simulationen (außer in denen im Kapitel 5.4) ist $|E_x| = |E_y|$ gegeben, so dass ebenfalls in beiden Polarisationen mit gleicher Amplitude angeregt wird. In Kapitel 5.4 wird detailliert auf die Polarisationsdiversität und andere Polarisationskonfigurationen eingegangen. Die Randbedingungen der Simulationen sind so gewählt, dass ein Freiraumverhalten angenähert wird.

5.1. GEOMETRIE UND KONFIGURATION DES SIMULATORS

Das gesamte Simulationsvolumen hat die Maße $320 \times 200 \times 210 \, \text{mm}^3$. Die Feldsonden haben einen Abstand von 80 mm in x-Richtung und 40 mm in y-Richtung. Der Abstand zwischen dem Testobjekt und den Feldsonden beträgt 80 mm.

Die Abbildung 5.2 zeigt drei verschiedene UWB-Signale im Zeit- und Frequenzbereich. Die anregenden Signale sind Gauß'sche Pulse mit den zeitlichen Verläufen

$$g(t) = \cos(\omega_0 t) e^{-(a(t-t_0))^2} \quad , \tag{5.1}$$

bzw. den Frequenzspektren

$$G(\omega) = \frac{\sqrt{\pi}}{a} e^{-\left(\frac{\omega - \omega_0}{2a}\right)^2} \quad , \tag{5.2}$$

mit $a = \frac{B\pi}{\sqrt{\ln \sqrt{2}}}$. Dabei sind B die -3 dB-Bandbreite und ω_0 die Mittenfrequenz. Im Frequenzbereich wird die Leistung mit dem Freiraumwellenwiderstand $Z_F = 120\pi \, \Omega$ im jeweils dargestellten Zeitintervall berechnet. Pulsform 1 hat -20 dB-Grenzfrequenzen bei 1 GHz und 5 GHz, Pulsform 2 bei 1 GHz und 4 GHz und Pulsform 3 bei 100 MHz und 5 GHz. Insbesondere bei dispersiven und verlustbehafteten Materialien mit hoher Permittivität wird Pulsform 2 gewählt, um die Rechenzeit zu verkürzen. Für die nicht dispersiven Materialien werden die Pulsformen 1 und 3 gewählt, wobei zunächst erste Simulationen mit Pulsform 3 durchgeführt werden. Dann wird im Hinblick auf die praktische Realisierung von Antennen die untere Grenzfrequenz von 100 MHz auf 1 GHz erhöht.

Für die Simulationen wird ein Frequenzbereich ausgewählt, der auch für die praktische Evaluation (siehe Kapitel 6) angestrebt ist. Für viele Anwendungen sind UWB-Signale mit Frequenzen jenseits der 10 GHz vorgesehen. Elektromagnetische Wellen in diesem

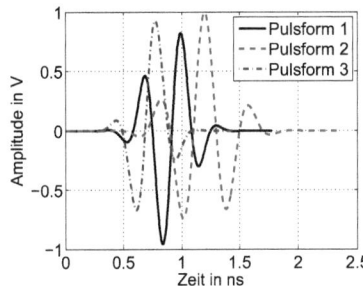 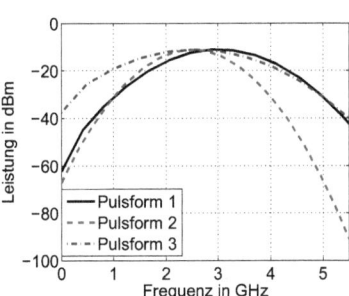

Abbildung 5.2: *UWB-Signale im Zeit- und Frequenzbereich.*

KAPITEL 5. FELDSIMULATIONEN

Frequenzbereich haben insbesondere bei stark verlustbehafteten Materialien, wie z.B. Naturstoffen, nur eine sehr geringe Eindringtiefe. Deshalb werden hier Signale im niedrigen Gigahertz-Bereich verwendet, die tiefer ins zu untersuchende Material eindringen. Somit kann eine stärkere Einflussnahme des Materials auf die elektromagnetischen Wellen erwartet werden.

In den nun folgenden Kapiteln 5.2 und 5.3 werden Simulationsreihen mit nicht-dispersiven und dispersiven Testobjekten und deren Auswertung mittels multivariater Kalibrationsverfahren vorgestellt.

5.2 Nicht-dispersive Objekte

In diesem Kapitel soll eine Simulationsreihe mit nicht-dispersiven Testobjekten und deren Auswertung vorgestellt werden. Es werden drei verschiedene unregelmäßig geformte Körper in CST-Microwave Studio erstellt (siehe Abbildung 5.3). Diese werden in eine Simulationsgeometrie, wie in Kapitel 5.1 beschrieben, eingebunden. Es wird mit Pulsform 1 angeregt. Die Testobjekte besitzen folgende Eigenschaften: Geometrie, Volumen, Rotationswinkel um z-Achse und Permittivität. Diese Parameter werden folgendermaßen variiert:

- 3 Geometrien (unregelmäßiger Form, s. Abbildung 5.3)
- 4 Volumina: 100 ccm, 150 ccm, 200 ccm, 250 ccm
- 3 Rotationswinkel: 0°, 22,5°, 45°
- 9 Werte für die Permittivität: $\epsilon_r = 2, 3, 4, 5, 6, 7, 8, 9, 10$

Für jede mögliche Permutation wird eine Simulation durchgeführt. Dies sind insgesamt $2N = 3 \cdot 4 \cdot 3 \cdot 9 = 324$ Simulationen. Bei zwölf Feldsonden pro Polarisationsebene ergeben sich insgesamt $M = 24$ Feldsonden. Pro simuliertem n-tem Objekt können dann 24 empfangene UWB-Pulse gewonnen werden. Pro Puls werden A äquidistante Abtastwerte extrahiert.

Der abgetastete Puls, der mit der m-ten Feldsonde während der n-ten Simulation gewonnen wird, ist mit $s_{n,m}(t)$ bezeichnet. Die Signale lassen sich in eine Matrix schreiben:

$$V = \begin{bmatrix} s_{1,1}(t) & \cdots & s_{1,M}(t) \\ \vdots & \ddots & \vdots \\ s_{2N,1}(t) & \cdots & s_{2N,M}(t) \end{bmatrix} \in \mathbb{R}^{2N \times M} \quad . \tag{5.3}$$

5.2. NICHT-DISPERSIVE OBJEKTE

Abbildung 5.3: *Unregelmäßig geformte Körper.*

Die in jeder Zeile hintereinander geschriebenen Einträge ergeben $P = MA$ Spannungswerte pro Objekt. Insgesamt gibt es also P Variablen.

Abbildung 5.4 zeigt beispielhaft die Empfangssignale einer Feldsonde. Es sind die Empfangssignale aller 324 Simulationen dargestellt. Hier ist die Anzahl der Abtastpunkte mit $A = 1001$ Werten pro Puls gegeben. Die neun verschiedenen dielektrischen Konstanten sind farblich abgesetzt. Es ist zu erkennen, dass sich mit steigender Permittivität die Amplitude der Empfangssignale verringert und die Verzögerung des Empfangszeitpunktes erhöht. Diese Beobachtungen sind allerdings nur tendenziell und haben keine eindeutige Regelmäßigkeit. Die Variation der anderen Parameter *Form*, *Volumen* und *Rotationswinkel* verkompliziert den Zusammenhang zwischen Permittivität und Pulsform erheblich. Die Standardabweichung der Empfangssignale ist ebenfalls in Abbildung 5.4 dargestellt. Dabei ist zu erkennen, dass die Standardabweichung lokale Maxima an den Zeitpunkten einer fallenden oder steigenden Flanke der Empfangssignale hat. Die Abbildung 5.5 zeigt die zugehörigen mittelwertfreien Amplituden und mittelwertfreien und standardisierten Daten.

Die Simulationen liefern eine unter idealen Bedingungen berechnete Matrix V. In der Praxis taucht allerdings Amplituden- und Phasenrauschen auf. Amplituden- und Phasenrauschen sind statistisch zufällige Schwankungen der Amplitude und der Phase eines Signals. Rauschen entsteht im Allgemeinen durch eine Zufallsbewegung von Ladungen oder Ladungsträgern in Materialien oder Bauelementen. Es gibt eine Vielzahl von Rauschquellen in einem System, z.B. thermisches Rauschen, Schrotrauschen, $\frac{1}{f}$-Rauschen [51,52]. Diese Phänomene treten auch in Oszillatorschaltungen auf und führen dadurch zu Phasenrauschen [53–55]. In der Praxis wirkt sich allerdings auch die Topologie einer Schaltung auf

KAPITEL 5. FELDSIMULATIONEN

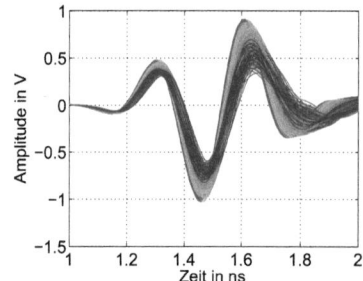 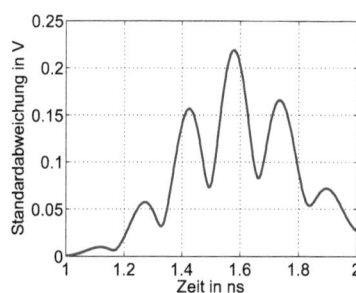

Abbildung 5.4: *Beispielhafte Empfangssignale einer Feldsonde, der Parameter Permittivität ist farblich unterschieden, Standardabweichung.*

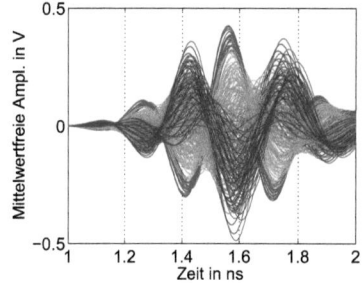 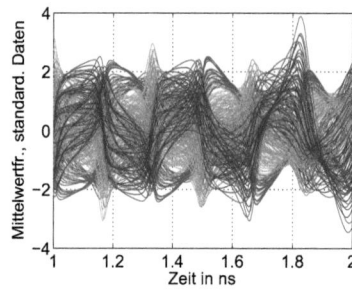

Abbildung 5.5: *Mittelwertfreie Amplituden, mittelwertfreie und standardisierte Daten.*

5.2. NICHT-DISPERSIVE OBJEKTE

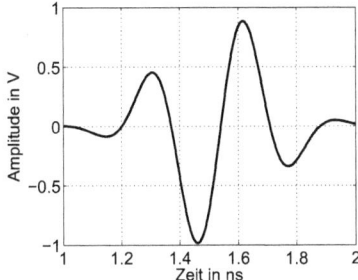

Abbildung 5.6: *Beispielhafter Empfangspuls.*

das Phasenrauschen aus, hierbei kann sich z.B. Übersprechen oder Fehlanpassung negativ auswirken. Phasenrauschen wird auch als Phasenjitter oder Jitter bezeichnet, diese Begrifflichkeiten werden häufig bei der Betrachtung im Zeitbereich verwendet.

Um die Rauscheffekte zu berücksichtigen, wird den in den Simulationen berechneten Pulsen $s_{n,m}(t)$ weißes Rauschen mit der Amplitude v_n aufaddiert und ein ebenfalls normalverteilter Jitter t_j angenommen[1]:

$$\tilde{s}_{n,m}(t) = s_{n,m}(t + t_{j;n,m}(t)) + v_{n;n,m}(t) \quad . \tag{5.4}$$

Mit den rauschbehafteten Pulsen $\tilde{s}_{n,m}(t)$ ergibt sich die Matrix $\tilde{V}$:

$$\tilde{V} = \begin{bmatrix} \tilde{s}_{1,1}(t) & \cdots & \tilde{s}_{1,M}(t) \\ \vdots & \ddots & \vdots \\ \tilde{s}_{2N,1}(t) & \cdots & \tilde{s}_{2N,M}(t) \end{bmatrix} \in \mathbb{R}^{2N \times M} \quad . \tag{5.5}$$

Das Amplitudenrauschen $v_n(t)$ und der Jitter $t_j(t)$ werden durch ihre Effektivwerte (engl. root mean square, RMS) $v_{n,RMS}(t)$ und $t_{j,RMS}(t)$ quantifiziert. Die RMS-Werte entsprechen bei den in Matlab erzeugten diskreten mittelwertfreien Rauschprozessen der Standardabweichung. Abbildung 5.6 zeigt einen beispielhaften Empfangspuls.

Abbildung 5.7 zeigt den Puls, nachdem additives weißes Gauß'sches Rauschen mit $v_{n,RMS} = 10\,\text{mV}$ beziehungsweise $v_{n,RMS} = 100\,\text{mV}$ hinzugefügt wurde, dem in Abbildung 5.8 dargestellten Puls wurde Jitter mit $t_{j,RMS} = 1\,\text{ps}$ beziehungsweise $t_{j,RMS} = 10\,\text{ps}$ hinzugefügt. Es ist zu erkennen, dass Amplitudenrauschen sich besonders bei konstanter Amplitude

---
[1] In realen Schaltungen treten im Allgemeinen komplexere Verteilungsfunktionen auf. Dennoch lassen sich die meist dominierenden Zufallsprozesse als normalverteilt annehmen.

KAPITEL 5. FELDSIMULATIONEN

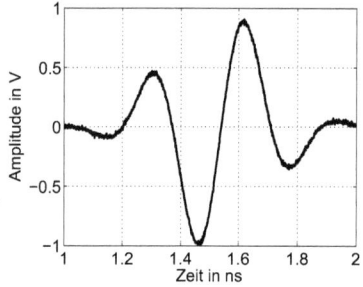 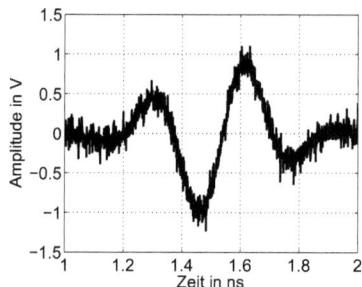

Abbildung 5.7: *Puls mit additivem weißen Rauschen,* $v_{n,RMS} = 10\,\text{mV}$ *und* $v_{n,RMS} = 100\,\text{mV}$.

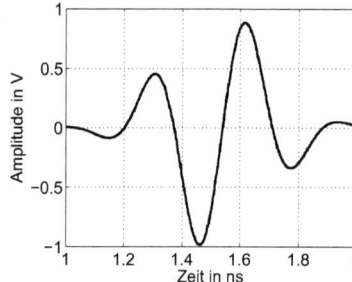 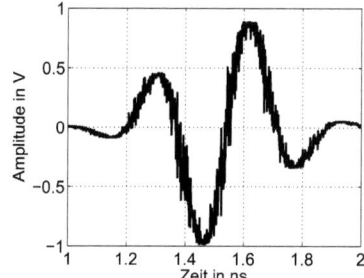

Abbildung 5.8: *Puls mit Jitter,* $t_{j,RMS} = 1\,\text{ps}$ *und* $t_{j,RMS} = 10\,\text{ps}$.

und Jitter sich besonders während schneller Änderungen der Amplitude, d.h. an den Signalflanken, bemerkbar macht.

Das Rauschen der unabhängigen Variablen beeinflusst natürlich die multivariaten Kalibrationsverfahren. Es kann davon ausgegangen werden, dass diese Beeinflussung die Qualität der statistischen Modelle negativ beeinflusst. Auch die abhängige Variable z, hier z.B. die Permittivität, ist in der Praxis Messtoleranzen unterworfen. Rauschen der abhängigen Variablen innerhalb der Kalibrationsgruppe kann die Genauigkeit der Kalibrationsverfahren verschlechtern. Die Genauigkeit der Vorhersagen der multivariaten Kalibrationsverfahren kann dennoch viel besser sein, als die Genauigkeit bei der Bestimmung bzw. Messung der abhängigen Variablen [6]. Dies ist damit zu begründen, dass das Rauschen zu einem großen Anteil durch Mittelwertbildung verschwinden kann, wenn die Anzahl der Kalibrationsdatensätze groß genug ist.

5.2. NICHT-DISPERSIVE OBJEKTE

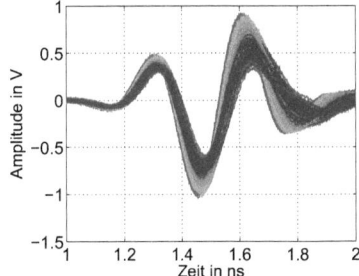
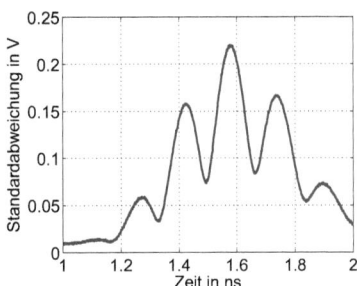

Abbildung 5.9: *Beispielhafte Empfangssignale einer Feldsonde, der Parameter Permittivität ist farblich unterschieden, Standardabweichung, Rauschen:* $v_{n,RMS} = 10\,\text{mV}$, *Jitter:* $t_{j,RMS} = 1\,\text{ps}$.

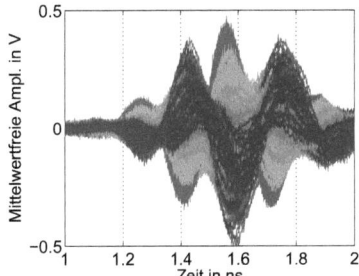
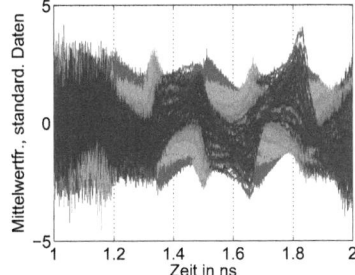

Abbildung 5.10: *Mittelwertfreie Amplituden, mittelwertfreie und standardisierte Daten, Rauschen:* $v_{n,RMS} = 10\,\text{mV}$, *Jitter:* $t_{j,RMS} = 1\,\text{ps}$.

Abbildung 5.9 zeigt beispielhaft die Empfangssignale einer Feldsonde (vgl. auch Abbildung 5.4), wobei hier nun Rauschen mit einer Amplitude von $v_{n,RMS} = 10\,\text{mV}$ und Jitter mit $t_{j,RMS} = 1\,\text{ps}$ hinzugefügt werden[2]. Es ist ebenfalls die Standardabweichung abgebildet. In Abbildung 5.10 sind die zugehörigen mittelwertfreien Amplituden und mittelwertfreien und standardisierten Daten dargestellt. Es ist zu erkennen, dass für kleine Amplituden im Bereich zwischen $1-1{,}2$ ns beziehungsweise $1{,}9-2$ ns mit einer geringen Standardabweichung stark verrauschte mittelwertfreie und standardisierte Daten entstehen.

Dieses hochskalierte Rauschen vermindert die Leistungsfähigkeit der später angewendeten Verfahren. In [6] wird z.B. empfohlen, Variablen mit schlechtem Signal-Rausch-Verhältnis auf geringere Standardabweichungen, beispielsweise zehnmal geringer als für Variablen

---

[2]Es wird in den Simulationen mit einer maximalen Amplitude von 1 V angeregt, so dass sich ein Signal-Rausch-Abstand von 40 dB ergibt. Auch die Wahl des Jitters mit einem Effektivwert von 1 ps orientiert sich an praktisch realisierbaren Systemen.

KAPITEL 5. FELDSIMULATIONEN

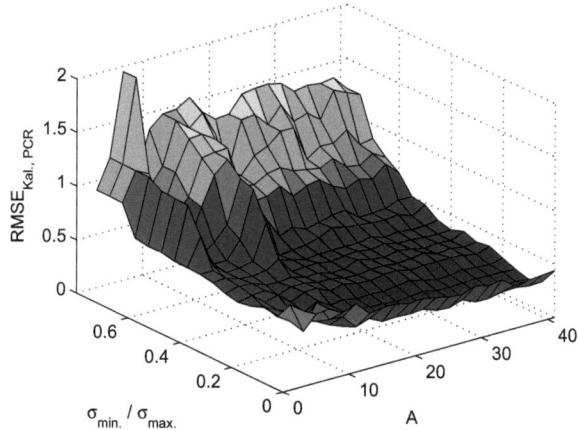

Abbildung 5.11: *RMSE der Kalibration in Abhängigkeit der Anzahl der Abtastwerte und der minimal geforderten Standardabweichung.*

mit gutem Signal-Rausch-Verhältnis, zu skalieren. Hier wird eine minimal erforderliche Standardabweichung für die Variablen eingeführt. Variablen, deren Standardabweichung beispielsweise weniger als 20 % der maximalen Standardabweichung beträgt, werden weggelassen. Allerdings wird eine ganze Reihe von Parametern variiert und es können signifikante Merkmale bezüglich dieser Parameter auch an Zeitpunkten mit sehr geringer Standardabweichung repräsentiert sein.

Auch wenn die multivariaten Verfahren eine Vielzahl von Variablen (die Anzahl der Variablen darf die Anzahl der Observationen überschreiten) handhaben können [56–58], so ist doch eine sehr hohe Anzahl von Abtastwerten nicht sinnvoll. Zum einen wäre der Rechenaufwand immens, zum anderen ist bei einer derartigen Anzahl nicht davon auszugehen, dass sich der Informationsgehalt von (zeitlich) benachbarten Variablen stark unterscheidet. Deshalb wird die Leistungsfähigkeit einer PCR in Abhängigkeit der Anzahl der Abtastwerte A und der minimalen Standardabweichung σ_{min} untersucht. Es wird aus den verrauschten und mit Jitter behafteten Daten (Rauschen: $v_{n,RMS} = 10\,\text{mV}$, Jitter: $t_{j,RMS} = 1\,\text{ps}$) die Permittivität der Objekte bestimmt. Abbildung 5.11 zeigt den RMSE für die Kalibration, Abbildung 5.12 für die Validation. Die Anzahl der Abtastwerte wird im Bereich von $A = 3 - 41$ und das Verhältnis aus minimaler und maximaler Standardabweichung im Bereich von $\frac{\sigma_{min}}{\sigma_{max}} = 0 - 0{,}8$ variiert.

5.2. NICHT-DISPERSIVE OBJEKTE

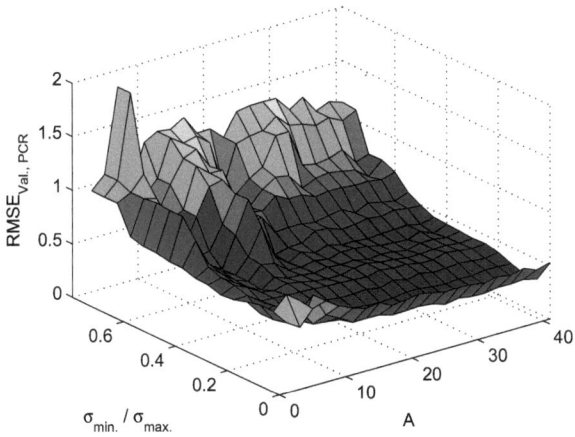

Abbildung 5.12: *RMSE der Validation in Abhängigkeit der Anzahl der Abtastwerte und der minimal geforderten Standardabweichung.*

Es ist zu erkennen, dass die Genauigkeit stark von den beiden Parametern abhängt. Die Einführung einer minimal erforderlichen Standardabweichung ist sinnvoll, um den negativen Einfluss von hochskaliertem Rauschen zu vermeiden. Mit zunehmender Anzahl der Abtastwerte verringert sich der Fehler, konvergiert dann aber schnell. Diese Kurven hängen natürlich von der Beschaffenheit der Objekte aber auch vom gewählten Frequenzbereich ab. Die Wahl von etwa 20 Abtastwerten liefert für die folgenden Auswertungen von Simulationen und Messungen zufriedenstellende Ergebnisse. Die anderen Verfahren (PLSR, ANN) zeigen ein ähnliches Verhalten.

Die Matrix $\tilde{V}$ und die abhängigen Variablen werden nun den in Kapitel 4 vorgestellten multivariaten Kalibrationsmethoden zugeführt.

5.2.1 Auswertung

Zunächst werden die in den Simulationen gewonnenen Daten in eine Kalibrations- und eine Validationsgruppe unterteilt. Dies geschieht zu gleichen Teilen nach dem Zufallsprinzip. Es ist notwendig, dass die in der Kalibration verwendeten Daten für die später zu charakterisierenden Testobjekte repräsentativ sind. Dies wird bei einer hinreichend großen Anzahl von Datensätzen angenommen, allerdings ist die Qualität der multivariaten Analyseverfahren auch von der zufälligen Aufteilung der Gruppen abhängig.

KAPITEL 5. FELDSIMULATIONEN

Den multivariaten Verfahren werden einige Vorgaben gemacht:

PCR:

- Schrittweise Regression
- Maximal 30 Hauptkomponenten
- Abbruch, wenn Produkt aus $RMSE_k$ und $RMSE_v$ steigt

PLSR:

- Maximal 30 Faktoren
- Anzahl der in der Regression verwendeten Faktoren begrenzt durch Verhältnis von $RMSE_v$ und $RMSE_c$ kleiner 2

ANN:

- Vorverarbeitung mittels PCA, 30 Hauptkomponenten
- 1 verborgene Schicht mit 10 Neuronen
- Verhältnis von $RMSE_v$ und $RMSE_c$ kleiner 2
- Mehrere Trainingsdurchläufe

Diese Vorgaben vermeiden eine Überanpassung der Verfahren und begrenzen die Komplexität. Bei dem ANN wird eine Vorverarbeitung mittels PCA durchgeführt, um die Zahl der Eingangsvariablen zu reduzieren und den Rechenaufwand zu verringern. Trotzdem ist hier der Rechenaufwand besonders hoch, da die Ergebnisse des neuronalen Netzes von zufällig gewählten Startvariablen abhängen. Es muss daher teilweise mehr als hundertmal trainiert werden, um eine geeignetes Modell zu finden. Ist ein solches Modell gefunden, so ist der Rechenaufwand für die Validations- bzw. Testobjekte sehr viel geringer.

Abbildung 5.13 zeigt das Verhalten der Kalibrationsverfahren in Abhängigkeit der den Empfangspulsen hinzugefügten Rauschamplitude. Hierbei ist auf die Zielvariable „Permittivität" kalibriert worden. Die Rauschamplitude ist auf 1 V normiert. Dargestellt sind $RMSE$, RER, R^2 und R^2_{adj} als Funktion der Rauschamplitude $v_{n,RMS}$ bei der Bestimmung der Permittivität unabhängig von allen anderen Parametern. Das multiple und das bereinigte multiple Bestimmtheitsmaß R^2 und R^2_{adj} werden nur für die PCR und PLSR angegeben. Für das ANN ist eine Bewertung mittels dieser Maße nicht sinnvoll, da diese

5.2. NICHT-DISPERSIVE OBJEKTE

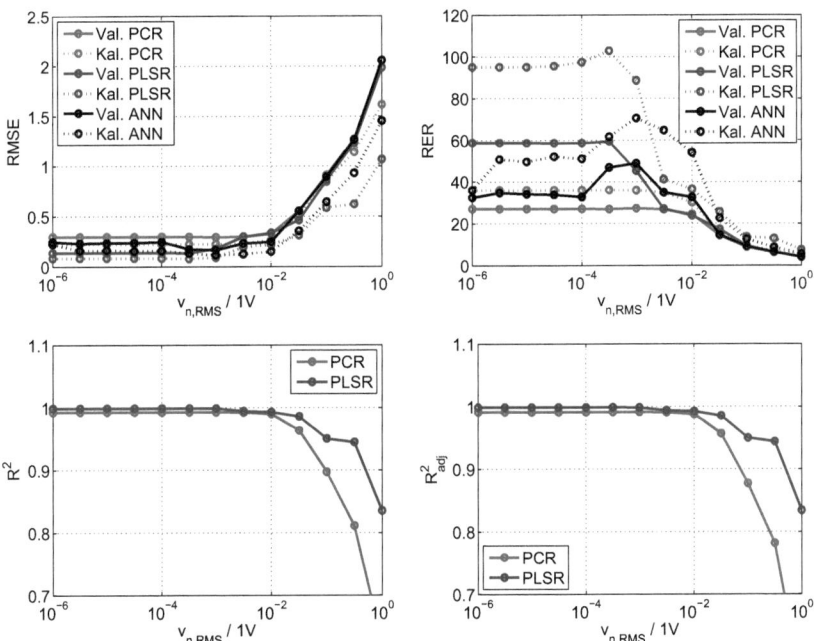

Abbildung 5.13: *Verhalten der Kalibrationsverfahren in Abhängigkeit der den Empfangspulsen hinzugefügten Rauschamplitude, Rauschamplitude normiert auf 1 V, abhängige Variable: Permittivität.*

KAPITEL 5. FELDSIMULATIONEN

nur für den Fall eines linearen Modells definiert sind. Es existieren auch Bestimmtheitsmaße zur Quantifizierung der Qualität von nichtlinearen Regressionsmodellen [59], auf die hier nicht näher eingegangen werden soll.

Die Rauschamplitude wird von 10^{-6} V bis 1 V variiert. Es ist zu erkennen, dass alle Verfahren im Bereich niedriger Rauschamplituden eine konstante Leistungsfähigkeit vorweisen, mit Zunahme des Rauschens verschlechtert sich diese. Die PLSR liefert meist die besten Ergebnisse bezüglich des $RMSE$ und des RER, wogegen die PCR im Vergleich am schlechtesten abschneidet. Die Leistungsfähigkeit des ANNs liegt zwischen den beiden anderen Verfahren, im Bereich um $v_{n,RMS} = 10^{-2}$ V liefert es bessere Ergebnisse als die PLSR. Es ist in seiner Leistungsfähigkeit stärkeren Schwankungen unterworfen, was auf seine zufällig gewählten Anfangswerte zurückzuführen ist. Die Vorverarbeitung mittels einer PCA und die Auswahl der ersten 30 Hauptkomponenten mag die Leistungsfähigkeit des ANNs einschränken, da im Zuge dieser möglicherweise bereits signifikante Merkmale verloren gehen. Für hohe Rauschamplituden haben alle drei Verfahren eine ähnliche Leistungsfähigkeit.

Im Vergleich von PLSR und PCR ist zu beobachten, dass für höhere Rauschamplituden das bereinigte multiple Bestimmtheitsmaß im Vergleich zum unbereinigten für die PCR stärker degradiert als für die PLSR. Es werden also mehr Variablen in die Regression einbezogen und somit ist in diesen Fällen die Komplexität des Modells höher als bei der PLSR.

Es wird den Empfangssignalen ebenfalls Jitter hinzugefügt, der im Bereich von 0,1 ps bis hin zu 100 ps variiert wird. Abbildung 5.14 zeigt das Verhalten der Kalibrationsverfahren in Abhängigkeit des RMS-Jitter. Der Jitter ist auf 1 ns normiert. Es ist zu erkennen, dass alle drei Verfahren ähnliche Ergebnisse liefern. Bei hohem Jitter ist die Leistungsfähigkeit der PCR und des ANNs besser als die der PLSR. Der $RMSE_v$ von PCR und dem ANN sind fast identisch, allerdings zeigt die PCR eine geringere Tendenz zur Überanpassung. Der Vergleich zwischen PCR und PLSR bezüglich des multiplen und bereinigten multiplen Bestimmtheitsmaßes verdeutlicht wieder, dass bei der PCR deutlich mehr Variablen in die Regression eingehen.

Die abhängige Variable muss in der Realität durch Messungen bestimmt werden. Diese sind fehlerbehaftet. Deshalb wird auch der abhängigen Variable additives Gauß'sches Rauschen überlagert. Abbildung 5.15 zeigt das Verhalten der Kalibrationsverfahren über der Rauschamplitude der Zielvariablen. Es wird nur der Zielvariablen in der Kalibrationsgruppe Rauschen aufaddiert. Der Effektivwert der Rauschamplitude der Zielvariablen wird im Bereich zwischen 10^{-4} und 1 variiert, wobei sich die Permittivität im Bereich zwischen 2 und 10 bewegt. Es ist zu erkennen, dass alle Verfahren bis etwa $z_{n,RMS} = 0,1$

5.2. NICHT-DISPERSIVE OBJEKTE

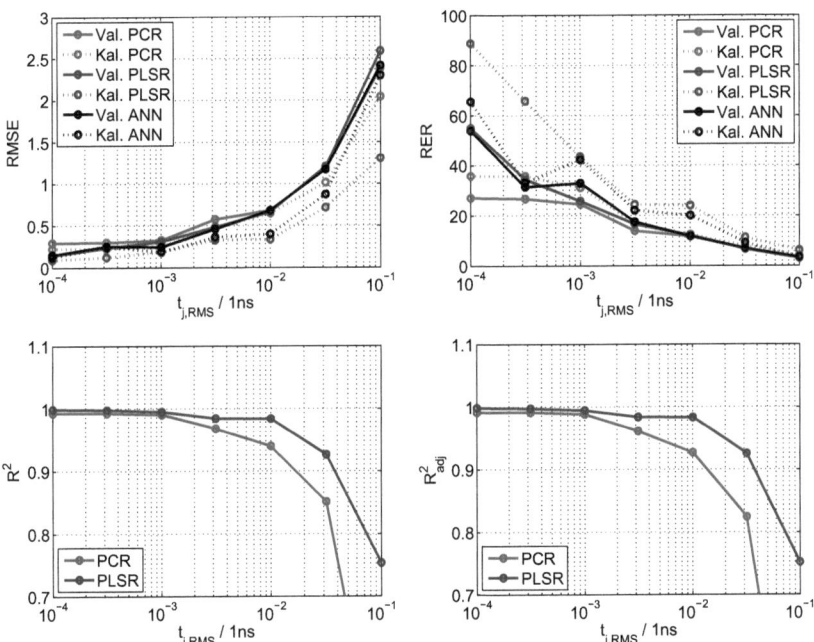

Abbildung 5.14: *Verhalten der Kalibrationsverfahren in Abhängigkeit des den Empfangspulsen hinzugefügten Jitters, Jitter normiert auf 1 ns, abhängige Variable: Permittivität.*

KAPITEL 5. FELDSIMULATIONEN

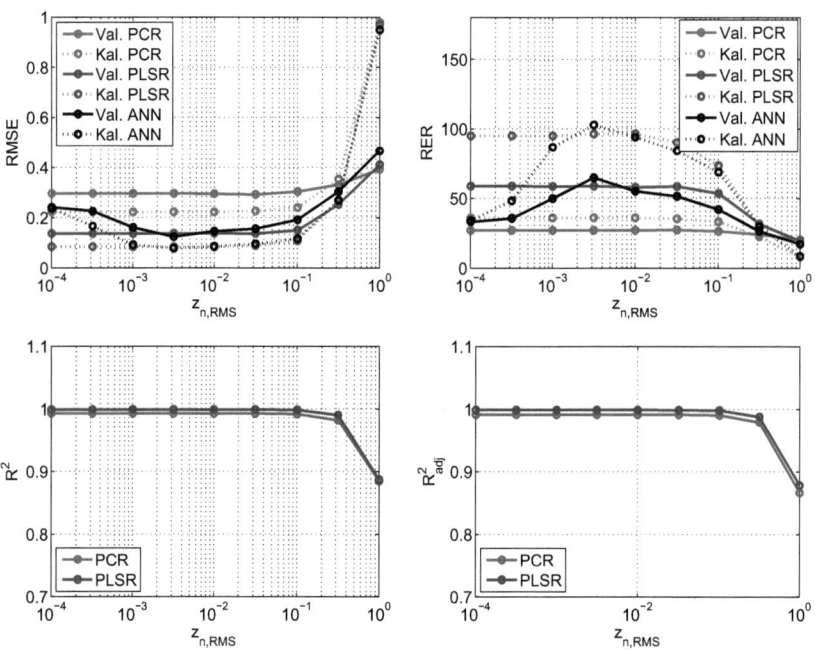

Abbildung 5.15: *Verhalten der Kalibrationsverfahren in Abhängigkeit des Rauschens der Zielvariablen Permittivität, nur Kalibrationsgruppe verrauscht, abhängige Variable: Permittivität.*

ein konstantes Verhalten haben. Das ANN ist stärkeren Schwankungen unterworfen, was wiederum auf die zufällig gewählten Anfangswerte zurückzuführen ist. Die PLSR liefert die besten Ergebnisse, gefolgt von dem ANN und der PCR. Bei einem $z_{n,RMS} = 0{,}1$ liefert die PLSR einen $RMSE_k = 0{,}108$ und $RMSE_v = 0{,}15$. Die Genauigkeit der PLSR ist in diesem Fall also fast ebenso gut wie die Standardabweichung der Zielvariablen selbst. Dies ist dadurch zu erklären, dass die PLSR durch die Einbeziehung vieler Datensätze das Rauschen in der Zielvariablen teilweise eliminiert.

In der Praxis ist im Allgemeinen auch die Zielvariable der Validation bzw. des Testdatensatzes verrauscht. Dem Effekt des Rauschens in den Kalibrationsdaten (unabhängige und abhängige Variablen) kann durch eine Erhöhung der Anzahl der Kalibrationsobjekte entgegengewirkt werden. Das ist bei Messfehlern der Validations- oder Testdaten nicht möglich. Ihr „Rauschen" begrenzt daher die Leistungsfähigkeit der multivariaten Verfahren [6].

Bisher wurden Bewertungskriterien wie $RMSE$ oder R^2 zur Bewertung der Verfahren herangezogen. Eine weitere Möglichkeit besteht darin, für jeden Datensatz die durch das statistische Modell vorhergesagte über der tatsächlichen Zielvariablen aufzutragen. Ein solches Diagramm soll als Qualitätsdiagramm bezeichnet werden. Es können Ausreißer erkannt und das Verhalten der Verfahren in den einzelnen Wertebereichen der Zielvariablen überprüft werden. Die Abbildung 5.16 zeigt Qualitätsdiagramme für die PCR für den idealen Fall und bei einem Rauschen von $v_{n,RMS} = 10\,\mathrm{mV}$ und zusätzlichem Jitter von $t_{j,RMS} = 1\,\mathrm{ps}$. Dabei wird zwischen Kalibrations- und Validationsdaten unterschieden. In Abbildung 5.17 ist die Varianz der Hauptkomponenten (HKn) für beide Fälle dargestellt, dabei sind die in der Regression verwendeten HKn rot eingefärbt. Es ist zu erkennen, dass für den idealen Fall die Varianz der ersten HKn ähnlich schnell sinkt, wie für die mit Rauschen und Jitter beaufschlagten Daten. Für HKn höherer Ordnung sinkt die Varianz der idealen Daten schneller. Dies wird auch in Abbildung 5.18 widergespiegelt. Verwendet man nur noch maximal 15 Hauptkomponenten, so verschlechtern sich die Ergebnisse für die mit Rauschen und Jitter beaufschlagten Daten im Gegensatz zu den idealen Daten nur marginal.

Die absoluten Fehler der Kalibration und der Validation sind in den Abbildungen 5.19 und 5.20 in Form von Histogrammen dargestellt. In den Abbildungen 5.21 und 5.22 sind die zugehörigen relativen Fehler dargestellt. Besonders für die niedrigen Permittivitäten ergeben sich hohe relative Fehler bis in den Bereich von 30 %.

Abbildung 5.23 zeigt das Qualitätsdiagramm für die PLSR für den idealen Fall und bei einem Rauschen von $v_{n,RMS} = 10\,\mathrm{mV}$ und zusätzlichem Jitter von $t_{j,RMS} = 1\,\mathrm{ps}$. Dabei wird wieder in Kalibrations- und Validationsdaten unterschieden. In der Abbildung 5.24

KAPITEL 5. FELDSIMULATIONEN

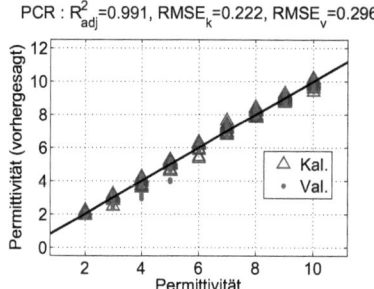
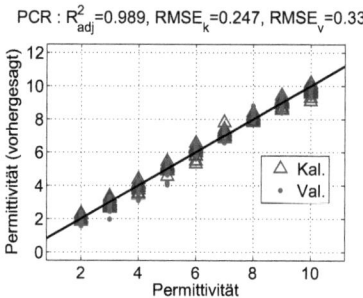

Abbildung 5.16: *Qualität der PCR bei idealen Empfangssignalen (linkes Bild) und bei $v_{n,RMS} = 10\,\mathrm{mV}$ und $t_{j,RMS} = 1\,\mathrm{ps}$ (rechtes Bild).*

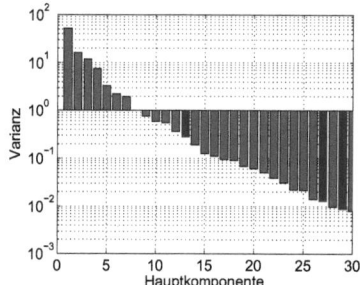
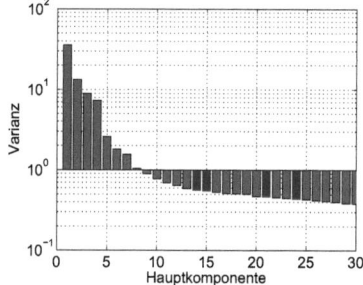

Abbildung 5.17: *Varianz der HKn bei idealen Empfangssignalen (linkes Bild) und bei $v_{n,RMS} = 10\,\mathrm{mV}$ und $t_{j,RMS} = 1\,\mathrm{ps}$ (rechtes Bild).*

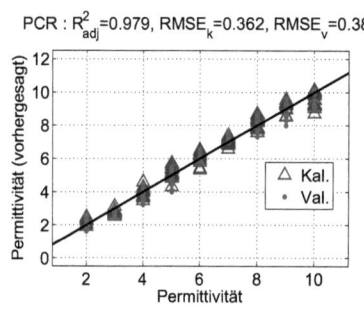
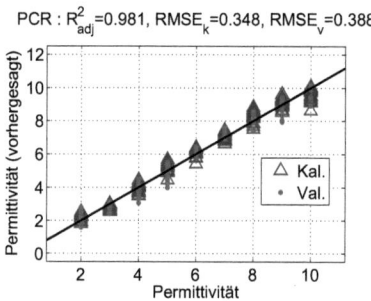

Abbildung 5.18: *Qualität der PCR bei idealen Empfangssignalen (linkes Bild) und bei $v_{n,RMS} = 10\,\mathrm{mV}$ und $t_{j,RMS} = 1\,\mathrm{ps}$ (rechtes Bild) bei nur noch maximal 15 HKn.*

5.2. NICHT-DISPERSIVE OBJEKTE

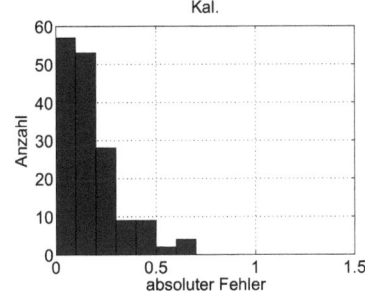
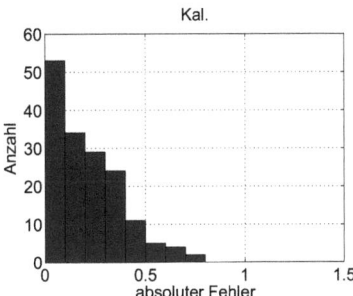

Abbildung 5.19: *Histogramm der absoluten Fehler der Kalibration bei idealen Empfangssignalen (linkes Bild) und bei $v_{n,RMS} = 10\,\mathrm{mV}$ und $t_{j,RMS} = 1\,\mathrm{ps}$ (rechtes Bild).*

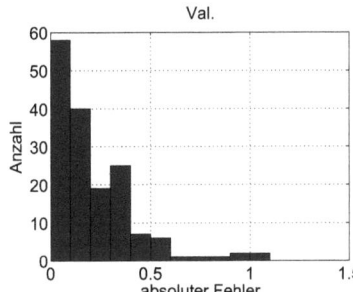
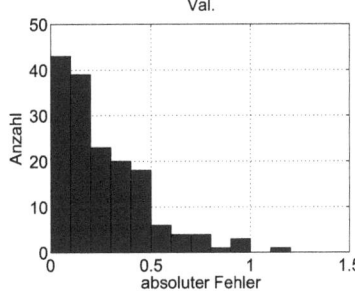

Abbildung 5.20: *Histogramm der absoluten Fehler der Validation bei idealen Empfangssignalen (linkes Bild) und bei $v_{n,RMS} = 10\,\mathrm{mV}$ und $t_{j,RMS} = 1\,\mathrm{ps}$ (rechtes Bild).*

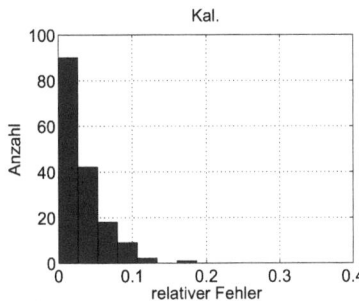
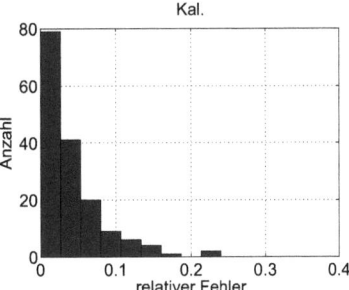

Abbildung 5.21: *Histogramm der relativen Fehler der Kalibration bei idealen Empfangssignalen (linkes Bild) und bei $v_{n,RMS} = 10\,\mathrm{mV}$ und $t_{j,RMS} = 1\,\mathrm{ps}$ (rechtes Bild).*

KAPITEL 5. FELDSIMULATIONEN

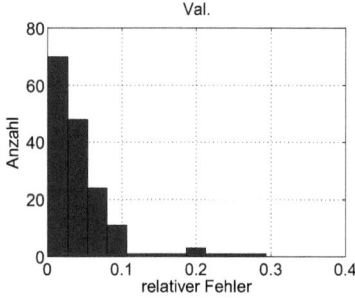
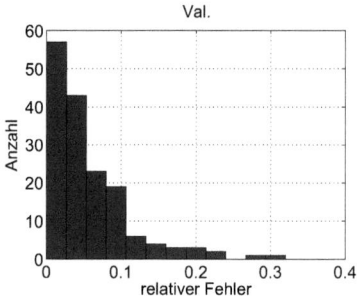

Abbildung 5.22: *Histogramm der relativen Fehler der Validation bei idealen Empfangssignalen (linkes Bild) und bei $v_{n,RMS} = 10\,\text{mV}$ und $t_{j,RMS} = 1\,\text{ps}$ (rechtes Bild).*

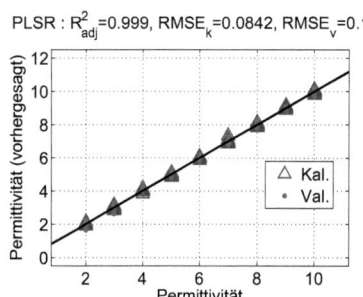
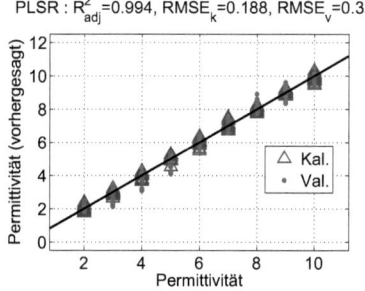

Abbildung 5.23: *Qualität der PLSR bei idealen Empfangssignalen (linkes Bild) und bei $v_{n,RMS} = 10\,\text{mV}$ und $t_{j,RMS} = 1\,\text{ps}$ (rechtes Bild).*

sind der $RMSE$ der Kalibration und der Validation über der Anzahl der Iterationsschritte H aufgetragen. Für den idealen Fall (ohne Rauschen und Jitter) fallen beide Kurven streng monoton, so dass der optimale Iterationsschritt gleich dem vorab maximal zulässigen Iterationsschritt ist: $H_{opt} = 30$. Im Falle der verrauschten und mit Jitter behafteten Daten lässt sich ein Minimum des $RMSE_v$ bei $H_{opt} = 11$ erkennen. Für eine größere Anzahl von Iterationsschritten steigt der Fehler der Validation wieder, wohingegen der Fehler der Kalibration weiter sinkt. Im Bereich von $H \geq 20$ kann man von einer Überanpassung sprechen.

Die Abbildung 5.25 zeigt das Qualitätsdiagramm für das ANN für den idealen Fall und bei Rauschen von $v_{n,RMS} = 10\,\text{mV}$ und zusätzlichem Jitter von $t_{j,RMS} = 1\,\text{ps}$. Die Summe der quadratischen Fehler (engl. sum of squared errors, SSE) ist in Abbildung 5.26 über der Anzahl der Trainings-Epochen des ANNs aufgetragen. Wie bei der PLSR ist auch hier zu sehen, dass der SSE der Validation ein Minimum aufweist, während der SSE

5.2. NICHT-DISPERSIVE OBJEKTE

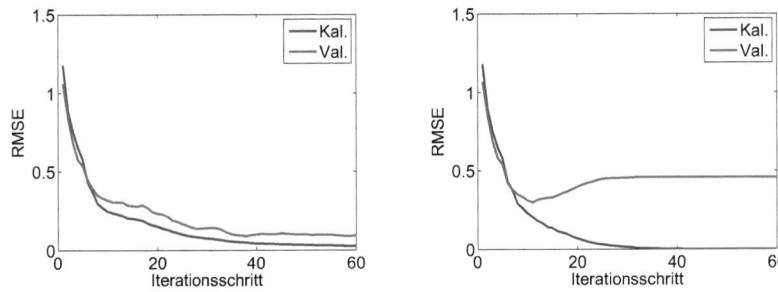

Abbildung 5.24: *RMSE über der Anzahl der Iterationsschritte der PLSR bei idealen Empfangssignalen (linkes Bild) und bei* $v_{n,RMS} = 10\,\text{mV}$ *und* $t_{j,RMS} = 1\,\text{ps}$ *(rechtes Bild)*.

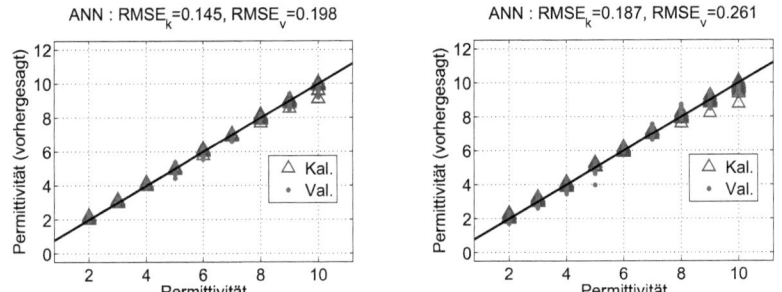

Abbildung 5.25: *Qualität des ANNs bei idealen Empfangssignalen (linkes Bild) und bei* $v_{n,RMS} = 10\,\text{mV}$ *und* $t_{j,RMS} = 1\,\text{ps}$ *(rechtes Bild)*.

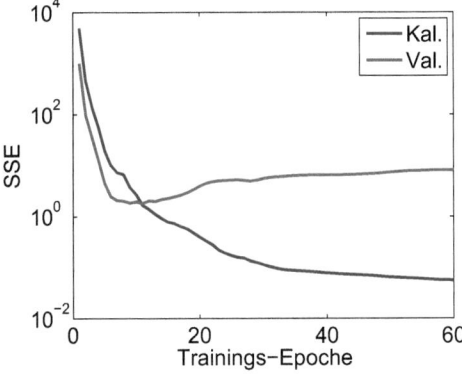

Abbildung 5.26: *SSE über der Anzahl der Trainings- bzw. Kalibrations-Epochen.*

KAPITEL 5. FELDSIMULATIONEN

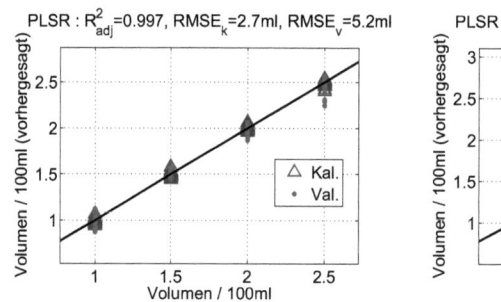 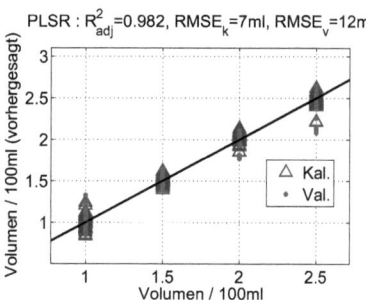

Abbildung 5.27: *Qualität der PLSR bei idealen Empfangssignalen (linkes Bild) und bei $v_{n,RMS} = 10\,\text{mV}$ und $t_{j,RMS} = 1\,\text{ps}$ (rechtes Bild), Bestimmung des Volumens der Testobjekte, Volumen normiert auf* 100 ccm.

der Kalibration stetig sinkt, es kommt also im Verlaufe des Trainings (Kalibration) zur Überanpassung. In diesem Fall ist das Abbruchkriterium des Trainings so definiert, dass nach einer bestimmten Anzahl (z.b. 2) eines wieder zunehmenden *SSEs* der Validation abgebrochen wird, um eine Überanpassung zu verhindern.

Die hier gezeigte Bestimmung der Permittivität ist unabhängig von den anderen Parametern: Geometrie, Volumen und Rotationswinkel. Die multivariaten Kalibrationsverfahren können auch auf andere Zielvariablen kalibriert werden, d.h. auf einen anderen variierten Parameter. Die Gestalt der Empfangspulse ist offensichtlich ebenfalls stark korreliert mit dem Volumen der Testobjekte. Abbildung 5.27 zeigt die Qualitätsdiagramme für die Bestimmung des Volumens mittels einer PLSR im Idealfall und mit $v_{n,RMS} = 10\,\text{mV}$ und $t_{j,RMS} = 1\,\text{ps}$. Das Volumen ist auf 100 ml normiert. Mittels PLSR ist es im Idealfall möglich, das Volumen mit einem $RMSE_k = 2{,}66\,\text{ml}$ und einem $RMSE_k = 5{,}2\,\text{ml}$ zu bestimmen, bei verrauschten und mit Jitter behafteten Empfangspulsen ist dies mit einem $RMSE_k = 7{,}03\,\text{ml}$ und einem $RMSE_k = 12{,}2\,\text{ml}$ möglich, während das Volumen im Bereich von 100 ml bis zu 250 ml variiert wird. Diese Vorhersage ist unabhängig von den dielektrischen Eigenschaften, dem Rotationswinkel und der Geometrie.

5.3 Dispersive Objekte

Die dielektrischen Eigenschaften der in Kapitel 5.2 untersuchten Objekte weisen keine Frequenzabhängigkeit auf. In der Realität sind die dielektrischen Eigenschaften jedoch oft frequenzabhängig. Dies ist insbesondere bei Naturstoffen der Fall, da diese meist polare Flüssigkeiten wie Wasser enthalten. Um das Verhalten dispersiver Objekte zu untersuchen werden zunächst Simulationen mit Materialien durchgeführt, deren Permittivität einem Debye-Modell[3] genügt. Es können die Parameter des Debye-Modells oder auch die Permittivität bei diskreten Frequenzen als Zielvariable verwendet und bestimmt werden. Diese fiktiven Materialien existieren in dieser Form nicht in der Realität. Es werden deshalb gemessene dielektrische Spektren von Wasser-Ethanol-Mischungen in die Simulationen eingebunden. Zwischen theoretischen Modellen für die dielektrischen Eigenschaften derartiger Mischungen und den realen dielektrischen Eigenschaften gibt es meist Unterschiede [61], weshalb hier dielektrische Messungen durchgeführt werden. In diesem Kapitel werden Simulationsreihen mit gemessenen dielektrischen Spektren und deren Auswertung vorgestellt.

5.3.1 Einbindung gemessener dielektrischer Spektren

Zunächst werden Proben von Mischungen aus Wasser und Ethanol hergestellt. Dabei wird das Mischungsverhältnis von 0 % bis 100 % in 10 %-Schritten variiert. Alle Angaben sind auf die Masse bezogen, da die Bestimmung des Volumens impraktikabel ist. Das Gesamtvolumen nach dem Mischen von Wasser und Ethanol ist zudem kleiner als die Summe der ursprünglichen einzelnen Volumina. Die Messung wird mit einer offenen Koaxialleitung nach Kapitel 3.2 durchgeführt. Abbildung 5.28 zeigt beispielhaft das dielektrische Spektrum von einer Wasser-Ethanol-Mischung im Verhältnis 20/80 in einem Frequenzbereich von 100 MHz bis 8 GHz. Da der Feldsimulator im Zeitbereich arbeitet, wird eine Anpassung mittels eines Polynoms n-ter Ordnung[4] durchgeführt. Dies ermöglicht dann eine Transformation in den Zeitbereich.

Es soll hier eine Simulationsreihe mit Objekten der geometrischen Gestalt wie in Abbildung 5.3 vorgestellt werden. Es wird mit Pulsform 2 angeregt. Die Objekte besitzen zudem folgende Eigenschaften: Volumen, Rotationswinkel um z-Achse und dielektrisches Spektrum bzw. Wassergehalt. Diese Parameter werden variiert:

- 4 Volumina: 100 ccm, 150 ccm, 200 ccm, 250 ccm
- 3 Rotationswinkel: 0°, 22,5°, 45°
- 10 dielektrische Spektren, Wassergehalt in %: 0, 10, 20, 30, 40, 60, 70, 80, 90, 100

---

[3]Im Jahre 1929 entwickelte Peter Debye ein Modell zur Beschreibung rein polarer Materialien [60]: $\epsilon_r = \epsilon_\infty + \frac{\epsilon_s - \epsilon_\infty}{1+j\omega\tau}$, mit der statischen Permittivität ϵ_s, der Permittivtät für sehr hohe Frequenzen ($>> \frac{1}{\tau}$) ϵ_∞ und der Relaxationsfrequenz $\frac{1}{\tau}$.
[4]Mehrere Relaxationen werden durch ein Debye-Modell höherer Ordnung, Resonanzen mittels eines Lorentz-Modells höherer Ordnung modelliert, maximale Ordnung: $n_{max} = 10$.

KAPITEL 5. FELDSIMULATIONEN

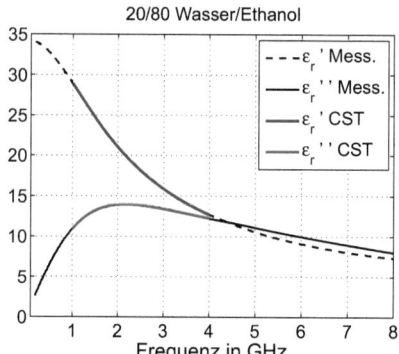

Abbildung 5.28: *Gemessenes dielektrisches Spektrum von 20/80 Wasser/Ethanol im Frequenzbereich von 100 MHz bis 8 GHz. Approximation durch CST Microwave Studio im Bereich von 1 GHz bis 4 GHz.*

Für jede mögliche Permutation wird eine Simulation durchgeführt. Dies sind insgesamt $2N = 360$ Simulationen.

5.3.2 Auswertung

Die Vorgaben für die drei multivariaten Verfahren PCR, PLSR und ANN entsprechen denen in Kapitel 5.2.1. Es soll hier der Wassergehalt und damit das Mischungsverhältnis der Objekte bestimmt werden. Die Verfahren können natürlich auch auf die Permittivität bei ausgewählten Frequenzen kalibriert werden. Für spätere Anwendungen ist allerdings oft die Bestimmung zugehöriger abstrakterer Parameter, die mit dem gesamten dielektrischen Spektrum korreliert sind, wie z.b. des Wassergehaltes, von Interesse.

Bei der Anwendung der Verfahren auf alle Simulationsdaten kann keine geeignete Kalibration für den gesamten Bereich der Variation des Wassergehaltes gefunden werden. Deshalb werden die Kalibrationsverfahren auf zwei Gruppen, Objekte mit Wassergehalt < 50 % und Objekte mit Wassergehalt > 50 % angewendet.

Objekte mit Wassergehalt <50 %: Es werden Objekte mit Wassergehalt 0, 10, 20, 30, 40 % in die Auswertung aufgenommen. Dies sind 180 Objekte, wovon jeweils die Hälfte per Zufall der Kalibrations und Validationsgruppe zugeordnet werden.

Abbildung 5.29 zeigt das Verhalten der Kalibrationsverfahren in Abhängigkeit der hinzugefügten Rauschamplitude. Bis zu einer normierten Rauschamplitude von etwa $v_{n,RMS} = 10^{-4}$ V ist die PLSR den anderen Verfahren gegenüber klar im Vorteil. Darüber hinaus

5.3. DISPERSIVE OBJEKTE

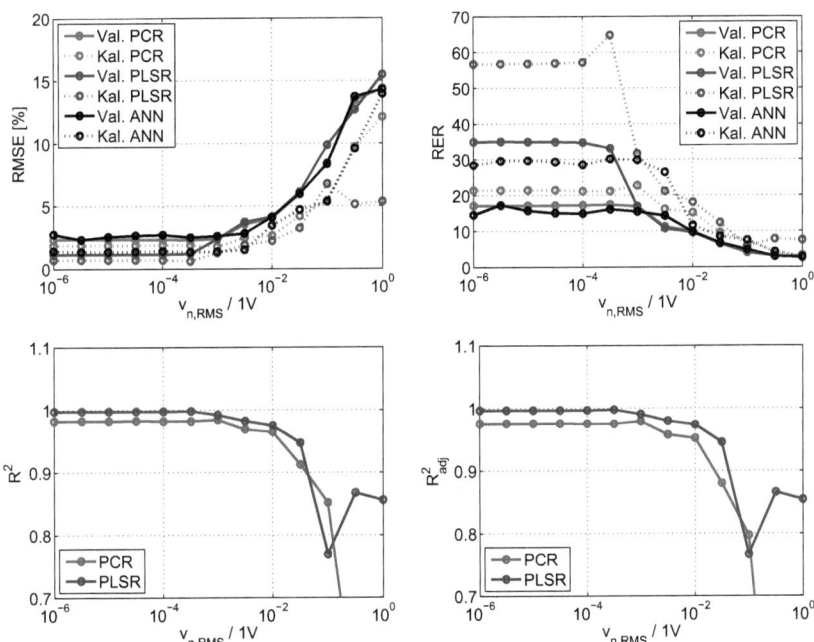

Abbildung 5.29: *Verhalten der Kalibrationsverfahren in Abhängigkeit der den Empfangspulsen hinzugefügten Rauschamplitude, Rauschamplitude normiert auf* $1\,\text{V}$, *abhängige Variable: Wassergehalt, Wassergehalt* $< 50\,\%$.

KAPITEL 5. FELDSIMULATIONEN

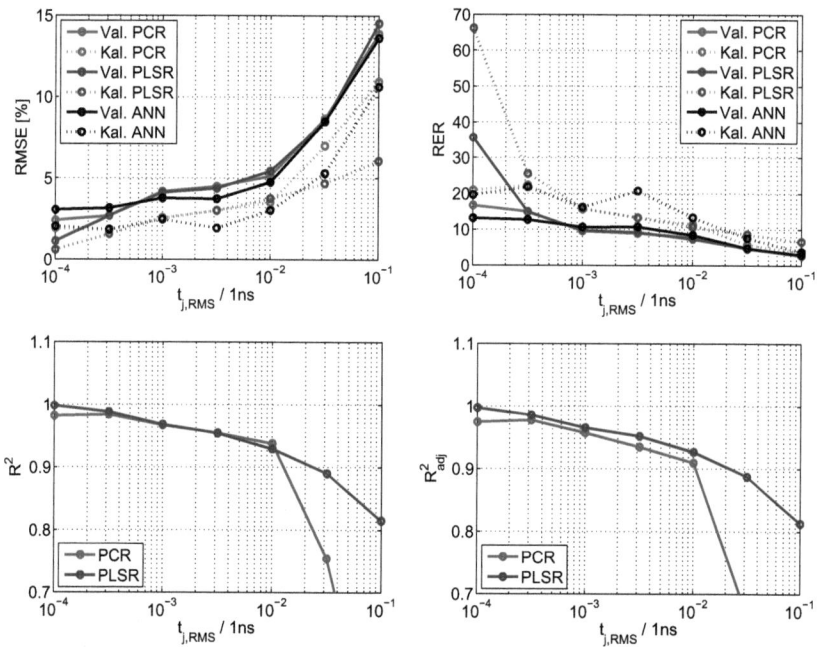

Abbildung 5.30: *Verhalten der Kalibrationsverfahren in Abhängigkeit des den Empfangspulsen hinzugefügten Jitters, Jitter normiert auf 1 ns, abhängige Variable: Wassergehalt, Wassergehalt < 50%.*

konvergieren die Fehler der Validation $RMSE_v$ und die PLSR neigt zu stärkerer Überanpassung als PCR und das ANN. Das RER aller Verfahren liegt deutlich niedriger und ist damit schlechter als bei den nicht dispersiven Objekten aus Kapitel 5.2.1. Es ist beim Vergleich des multiplen und des korrigierten multiplen Bestimmtheitsmaßes zu erkennen, dass bei der PCR weit mehr Variablen in die Regression aufgenommen werden als bei der PLSR.

Beim Verhalten über dem RMS-Jitter (Abbildung 5.30) zeigt sich ein ähnliches Bild wie bei hinzugefügtem Amplitudenrauschen. Für sehr niedrigen Jitter ist die PLSR etwas im Vorteil, dann holen die anderen Verfahren auf und liefern schließlich sogar bessere Ergebnisse als die PLSR.

Eine Betrachtung mit verrauschter Zielvariable wird hier nicht vorgestellt, da diese Schwankungen weit weniger kritisch sind als die Schwankungen in den unabhängigen Variablen. Zudem werden hier gemessene dielektrische Spektren eingebunden, die naturgemäß feh-

5.3. DISPERSIVE OBJEKTE

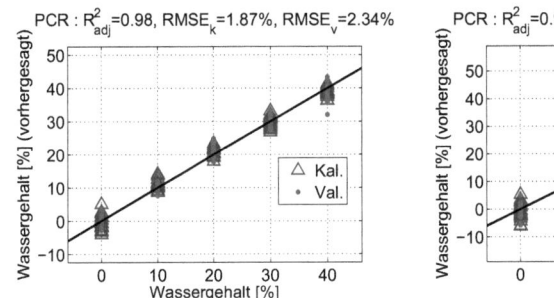
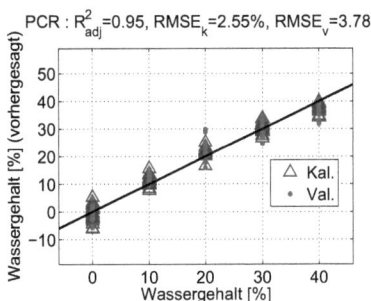

Abbildung 5.31: *Qualität der PCR bei idealen Empfangssignalen (linkes Bild) und bei $v_{n,RMS} = 10\,\text{mV}$ und $t_{j,RMS} = 1\,\text{ps}$ (rechtes Bild), Bestimmung des Wassergehaltes.*

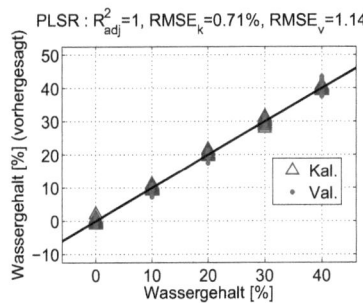
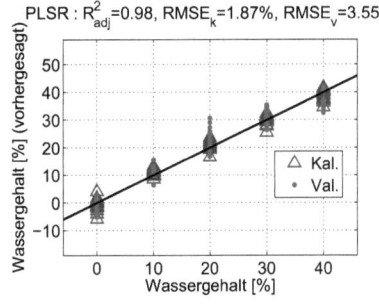

Abbildung 5.32: *Qualität der PLSR bei idealen Empfangssignalen (linkes Bild) und bei $v_{n,RMS} = 10\,\text{mV}$ und $t_{j,RMS} = 1\,\text{ps}$ (rechtes Bild), Bestimmung des Wassergehaltes.*

lerbehaftet[5] sind. Das Abwiegen der Proben ist ebenfalls fehlerbehaftet[6] und es wird mit diesen fehlerbehafteten Daten kalibriert. Da allerdings nicht jedes Simulationsobjekt einzeln charakterisiert wird, sondern eine einzelne Messung der Permittivität und des Wassergehaltes pro Wassergehalt durchgeführt wird, kann durch die multivariaten Verfahren keine „Mittelwertbildung"[7], stattfinden.

Die Abbildungen 5.31, 5.32 und 5.33 zeigen die Qualitätsdiagramme für PCR, PLSR und ANN für den idealen Fall und bei einem Rauschen von $v_{n,RMS} = 10\,\text{mV}$ und zusätzlichem Jitter von $t_{j,RMS} = 1\,\text{ps}$. Dabei wird zwischen Kalibrations- und Validationsdaten unterschieden. Es ist zu erkennen, dass für den Idealfall die PLSR die besten Ergebnisse

---

[5] Im Datenblatt des Hewlett-Packard HP85070B dielectric probe kit sind folgende Genauigkeiten angegeben [62]: $\epsilon'_r : \pm 5\%$, $\tan\delta : \pm 0{,}05$.
[6] Es wird eine Sartorius Portable PT2100 Waage verwendet, die Standardabweichung ist mit $< \pm 0{,}1\,\text{g}$ angegeben.
[7] Mittelwertbildung zur Verringerung der Rauschamplitude.

KAPITEL 5. FELDSIMULATIONEN

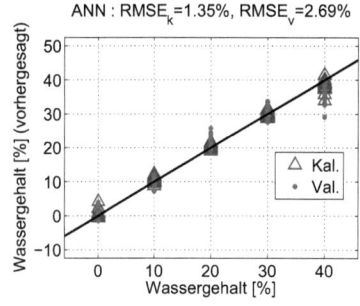 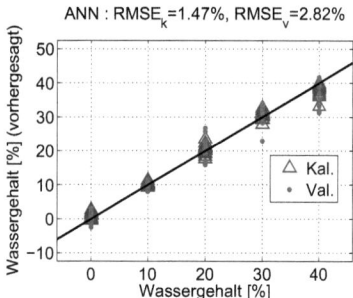

Abbildung 5.33: *Qualität des ANNs bei idealen Empfangssignalen (linkes Bild) und bei $v_{n,RMS} = 10\,\mathrm{mV}$ und $t_{j,RMS} = 1\,\mathrm{ps}$ (rechtes Bild), Bestimmung des Wassergehaltes.*

liefert, während für die verrauschten und mit Jitter behafteten Daten das ANN bessere Ergebnisse liefert. Dies wird auch schon aus den Abbildungen 5.29 und 5.30 deutlich.

Objekte mit Wassergehalt >50 %: Es werden Objekte mit Wassergehalt 60, 70, 80, 90, 100 % in die Auswertung aufgenommen. Dies sind wiederum 180 Objekte, wovon jeweils die Hälfte per Zufall der Kalibrations- oder Validationsgruppe zugeordnet wird.

Abbildung 5.34 zeigt das Verhalten der Kalibrationsverfahren in Abhängigkeit der hinzugefügten Rauschamplitude. Für niedrige Rauschamplituden ist die PLSR nur wenig besser als die PCR und ANN. Bei mittleren Rauschamplituden ist die Genauigkeit aller Verfahren ähnlich, bei hohen Rauschamplituden degradiert die Leistungsfähigkeit. Im Vergleich zu der Auswertung mit Objekten mit Wassergehalt < 50 % ist die Genauigkeit der Verfahren viel schlechter, was sich anhand des sehr viel schlechteren RER belegen lässt. Abbildung 5.35 zeigt das Verhalten der Kalibrationsverfahren in Abhängigkeit der hinzugefügten Jitters. Hier zeigt sich eine ähnlich schlechtes Verhalten der Verfahren.

Die Abbildungen 5.36, 5.37 und 5.38 zeigen die Qualitätsdiagramme für PCR, PLSR und das ANN für den idealen Fall und bei Rauschen von $v_{n,RMS} = 10\,\mathrm{mV}$ und zusätzlichem Jitter von $t_{j,RMS} = 1\,\mathrm{ps}$. Dabei wird zwischen Kalibrations- und Validationsdaten unterschieden. Diese Diagramme zeigen, dass besonders bei einem Rauschen von $v_{n,RMS} = 10\,\mathrm{mV}$ und zusätzlichem Jitter von $t_{j,RMS} = 1\,\mathrm{ps}$ alle Verfahren an ihre Grenzen stoßen. Der relative Fehler bei der Charakterisierung vieler Proben liegt im Bereich > 40 %.

Beim Vergleich der Ergebnisse für Objekte mit einem Wassergehalt < 50% und Objekten mit einem Wassergehalt > 50 % taucht die Frage auf: Warum sind die statistischen Modelle zur Bestimmung des Wassergehaltes für **Objekte mit Wassergehalt <50 %** sehr viel besser als für **Objekte mit Wassergehalt >50 %**?

Es wird vermutet, dass besonders für die Testobjekte mit hohem Wassergehalt der in

5.3. DISPERSIVE OBJEKTE

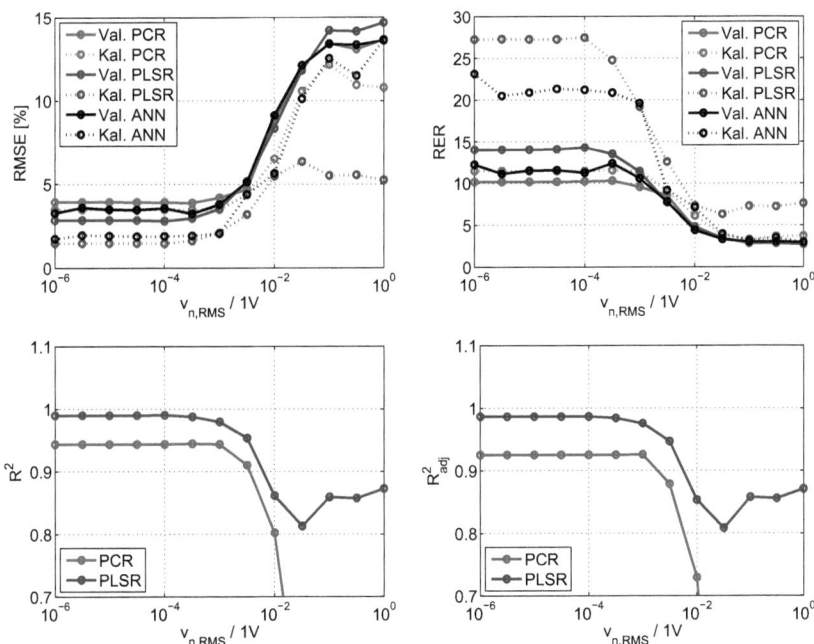

Abbildung 5.34: *Verhalten der Kalibrationsverfahren in Abhängigkeit der den Empfangspulsen hinzugefügten Rauschamplitude, Rauschamplitude normiert auf 1 V, abhängige Variable: Wassergehalt, Wassergehalt > 50 %.*

55

KAPITEL 5. FELDSIMULATIONEN

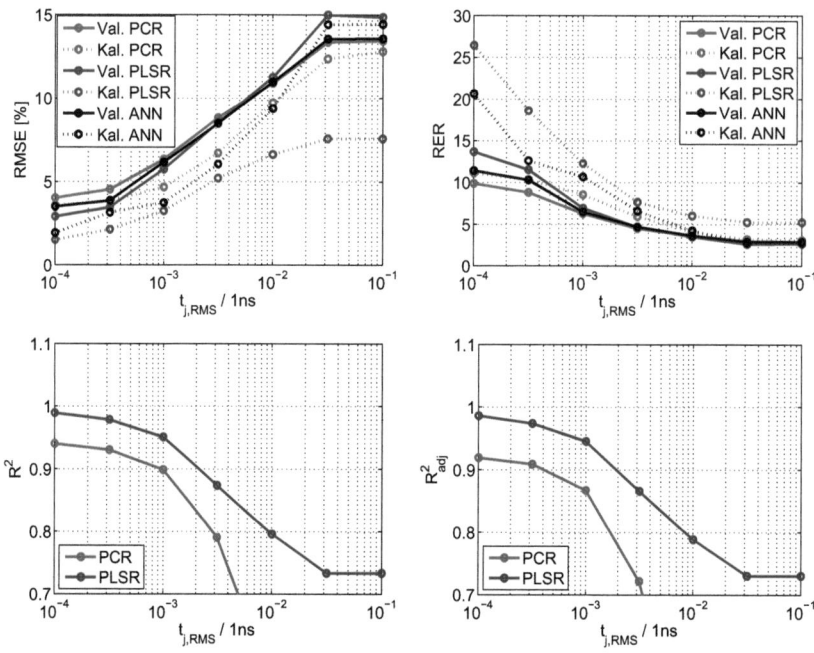

Abbildung 5.35: *Verhalten der Kalibrationsverfahren in Abhängigkeit des den Empfangspulsen hinzugefügten Jitters, Jitter normiert auf 1 ns, abhängige Variable: Wassergehalt, Wassergehalt > 50 %.*

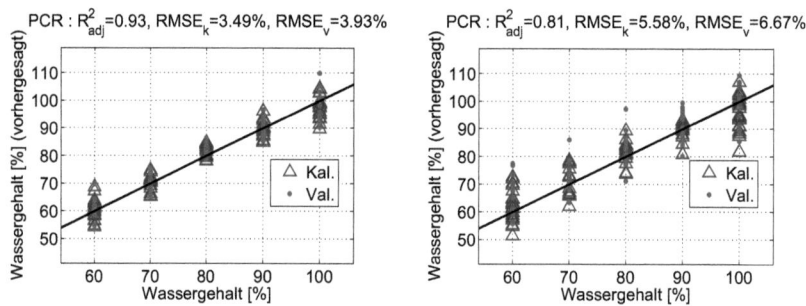

Abbildung 5.36: *Qualität der PCR bei idealen Empfangssignalen (linkes Bild) und bei $v_{n,RMS} = 10\,\text{mV}$ und $t_{j,RMS} = 1\,\text{ps}$ (rechtes Bild), Bestimmung des Wassergehaltes.*

5.3. DISPERSIVE OBJEKTE

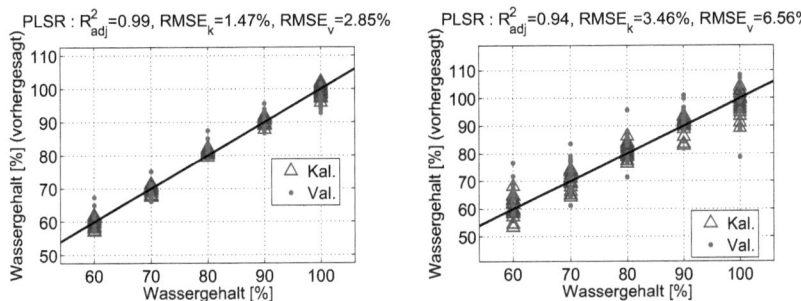

Abbildung 5.37: *Qualität der PLSR bei idealen Empfangssignalen (linkes Bild) und bei* $v_{n,RMS} = 10\,\text{mV}$ *und* $t_{j,RMS} = 1\,\text{ps}$ *(rechtes Bild), Bestimmung des Wassergehaltes.*

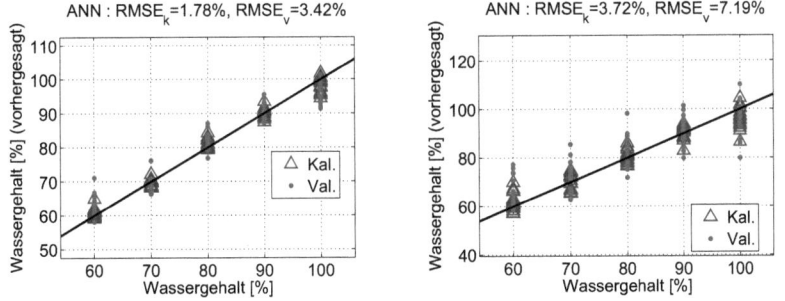

Abbildung 5.38: *Qualität des ANNs bei idealen Empfangssignalen (linkes Bild) und bei* $v_{n,RMS} = 10\,\text{mV}$ *und* $t_{j,RMS} = 1\,\text{ps}$ *(rechtes Bild), Bestimmung des Wassergehaltes.*

KAPITEL 5. FELDSIMULATIONEN

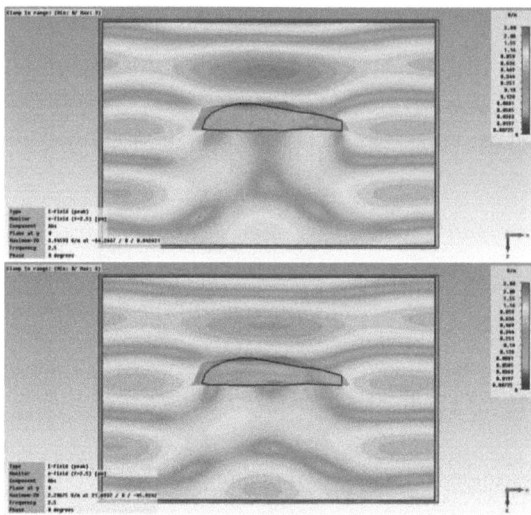

Abbildung 5.39: *Betrag der elektrischen Feldstärke bei einer Frequenz von* $f = 2{,}5\,\text{GHz}$, *Wasser (oberes Bild), Ethanol (unteres Bild), beispielhaftes Objekt mit 250 ccm Volumen, Querschnitt in xz-Ebene,* $y = 0$.

das Objekt eindringende und durchdringende Anteil des elektromagnetischen Feldes sehr viel geringer ist als bei solchen mit niedrigem Wassergehalt. Es gibt eine stärkere Reflexion in Gegenrichtung zur in z-Richtung laufenden anregenden ebenen Welle. Durch einen größeren Imaginärteil der Permittivität ist die Absorption ebenfalls größer als bei niedrigem Wassergehalt. Die Wirkung auf die elektromagnetische Welle ist durch die geringe Eindringtiefe vielmehr durch die Geometrie als durch die dielektrischen Eigenschaften bedingt[8].

Um diese Vermutung zu evaluieren, werden Feldsimulationen durchgeführt. Die Abbildung 5.39 zeigt den Betrag des elektrischen Feldes im Querschnitt (xz-Ebene, $y = 0$) durch die Simulationsgeometrie mit einem beispielhaften unregelmäßig geformten Testobjekt, welches die dielektrischen Eigenschaften von Wasser (oberes Bild) und Ethanol (unteres Bild) besitzt, bei $f = 2{,}5\,\text{GHz}$. Die Abbildung 5.40 zeigt das Verhalten bei $f = 4\,\text{GHz}$. Es ist zu sehen, dass für das mit Wasser „gefüllte" Objekt die Reflexionen oberhalb des Objektes größer sind (eine höhere Feldstärke haben) als beim mit Ethanol „befüllten" Objekt. Auch die Feldstärken innerhalb und unterhalb des Objektes sind geringer. Außerhalb des Schattenbereiches treten allerdings geringfügig höhere Feldstärken auf. Möglicherweise

---

[8]Der Dämpfungsfaktor für eine elektromagnetische Welle in einem dielektrischen Material ist durch $\alpha = \Re\{j\frac{\omega}{c}\sqrt{\epsilon'_r - j\epsilon''_r}\}$ gegeben.

5.4. POLARISATIONSDIVERSITÄT

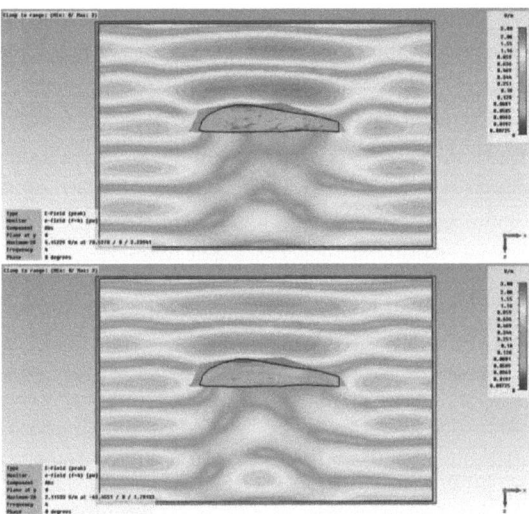

Abbildung 5.40: *Betrag der elektrischen Feldstärke bei einer Frequenz von* $f = 4\,\text{GHz}$, *Wasser (oberes Bild), Ethanol (unteres Bild), beispielhaftes Objekt mit 250 ccm Volumen, Querschnitt in xz-Ebene,* $y = 0$.

eignet sich eine Reflexionsmessung für derartige Materialien besser als die Transmissionsmessung. Diese Arbeit beschränkt sich auf Transmissionsmessungen, es kann aber davon ausgegangen werden, dass das vorgestellte Verfahren auch mittels Reflexionsmessungen funktioniert[9]. Ob man Reflexions-, Transmissionsmessungen, oder gar beides verwendet, hängt von der konkreten Problemstellung bezüglich der Art der zu charakterisierenden Objekte und deren Umgebung und weiteren Faktoren wie z.B. dem zulässigen Aufwand bzw. den Kosten ab.

5.4 Polarisationsdiversität

Die Polarisation einer elektromagnetischen Welle spielt eine wesentliche Rolle. Als Polarisation wird in diesem Zusammenhang die Richtung des elektrischen Feldvektors bezeichnet (siehe Gleichung 3.10).

Die Polarisation $\vec{P}$ innerhalb eines Materials ist nach Gleichung 3.8 abhängig vom elektrischen Feldvektor und der Permittivität des Materials. Die Richtung der Polarisation

---
[9]In der Zusammenfassung (Kapitel 8) wird ein Hinweis auf durchgeführte Reflexionsmessungen gegeben.

KAPITEL 5. FELDSIMULATIONEN

ist somit gleich der Richtung des elektrischen Feldvektors, wenn das Material isotrop ist. Wird nun ein dielektrisches Objekt, beispielsweise ein dünner Stab, mit einer elektromagnetischen Welle beleuchtet, so ist der Effekt der Polarisation innerhalb und außerhalb des Stabes am größten, wenn die elektromagnetische Welle in längs-Richtung des Stabes polarisiert ist. Der Effekt ist am geringsten, wenn die Welle orthogonal zur Längsrichtung des Stabes polarisiert ist. Zudem ändert sich im Allgemeinen auch die Richtung des elektrischen und magnetischen Feldvektors in Anwesenheit eines beliebig geformten dielektrischen Objektes. Es kommt zu so genannten Polarisationsübersprechern.

In diesem Kapitel wird untersucht, inwiefern solche Polarisationsübersprecher zusätzliche Informationen über das beleuchtete Objekt beinhalten und welche Konfiguration sich bezüglich der Polarisation der anregenden ebenen Welle besonders eignet.

Im Allgemeinen kann eine harmonische, in z-Richtung laufende ebene Welle nach Gleichung 3.10 beschrieben werden. Unterdrückt man nach [63] die Raum- und Zeitabhängigkeit, so ergibt sich der Jones-Vektor der Welle:

$$\vec{J}_0 = \vec{E}_0 = \begin{bmatrix} E_x \\ E_y \end{bmatrix} . \qquad (5.6)$$

Die Jones-Matrix M verknüpft die Jones-Vektoren am Eingang und Ausgang eines Systems:

$$\vec{J}_{aus} = M \vec{J}_{ein} . \qquad (5.7)$$

Im Allgemeinen treten natürlich auch Feldkomponenten in z-Richtung auf, aufgrund der Anregung und der Polarisation der Empfangsantennen in x- und y-Richtung kann hier aber auf ein zweidimensionales Gleichungssystem reduziert werden. Der Jones-Formalismus wird häufig im Bereich der Optik verwendet, kann aber auch für elektromagnetische Wellen im Mikrowellenbereich angewendet werden. Es können lineare Systeme bezüglich ihres Einflusses auf die Polarisation, Phasenverschiebung und Dämpfung beschrieben werden. Auch die in Kapitel 5.1 vorgestellte prinzipielle Simulationsgeometrie kann mit der Matrix M beschrieben werden. Es wird dann die ebene Welle mit elektrischen Feldkomponenten in x- und y-Richtung durch den Jones-Vektor $\vec{J}_{ein}$ beschrieben. Das Testobjekt wird durch die Matrix M symbolisiert. Die durch zwei orthogonale Feldsonden gewonnenen elektrischen Feldkomponenten sind durch J_{aus} beschrieben. In allen bisherigen Simulationen galt $E_x = E_y$, so dass die Welle mit einem Winkel von 45° bezüglich der x-Koordinate polarisiert ist. Der Vektor $\vec{J}_{aus}$ kann somit nach

5.4. POLARISATIONSDIVERSITÄT

$$\vec{J}_{aus,45°} = \boldsymbol{M}\vec{J}_{ein,45°} = \begin{bmatrix} M_{1,1} & M_{1,2} \\ M_{2,1} & M_{2,2} \end{bmatrix} \begin{bmatrix} E_x \\ E_y \end{bmatrix} = \begin{bmatrix} E_x M_{1,1} + E_y M_{1,2} \\ E_x M_{2,1} + E_y M_{2,2} \end{bmatrix} \quad (5.8)$$

berechnet werden. Die Polarisationsübersprecher, hier durch $M_{1,2}$ und $M_{2,1}$ symbolisiert, sind den in ihrer ursprünglichen Polarisation verbleibenden Signalen additiv überlagert und können nicht extrahiert werden. Regt man nun allerdings nur mit einer in x-Richtung polarisierten Welle an, so erhält man:

$$\vec{J}_{aus,x} = \boldsymbol{M}\vec{J}_{ein,x} = \begin{bmatrix} M_{1,1} & M_{1,2} \\ M_{2,1} & M_{2,2} \end{bmatrix} \begin{bmatrix} E_x \\ 0 \end{bmatrix} = \begin{bmatrix} E_x M_{1,1} \\ E_x M_{2,1} \end{bmatrix} \quad . \quad (5.9)$$

Dies kann analog mit einer in y-Richtung polarisierten Anregung erfolgen:

$$\vec{J}_{aus,y} = \boldsymbol{M}\vec{J}_{ein,y} = \begin{bmatrix} M_{1,1} & M_{1,2} \\ M_{2,1} & M_{2,2} \end{bmatrix} \begin{bmatrix} 0 \\ E_y \end{bmatrix} = \begin{bmatrix} E_y M_{1,2} \\ E_y M_{2,2} \end{bmatrix} \quad . \quad (5.10)$$

Durch nacheinander in x-Richtung und y-Richtung polarisierte Anregung kann man alle vier Einträge der Matrix $\boldsymbol{M}$ bestimmen.

Es soll nun anhand von Simulationen untersucht werden, welche Polarisations-Konfiguration sich besonders eignet. Stellt die Bestimmung des Polarisationsübersprechers einen signifikanten Informationsgewinn dar und können die statistischen Modelle dadurch verbessert werden? Es werden Simulationen wie in Kapitel 5.1 durchgeführt, allerdings werden pro Testobjekt drei Simulationen mit den drei vorher besprochenen Polarisationszuständen der ebenen Welle durchgeführt. Hierzu werden zunächst Testobjekte mit vier quaderförmigen Geometrien unterschiedlicher Abmessungen verwendet. Es wird mit Pulsform 3 (siehe Kapitel 5.1) angeregt. Die Objekte besitzen zudem folgende Parameter, mit denen wiederum in allen möglichen Permutationen Simulationen durchgeführt werden:

- 3 Rotationswinkel: $0°, 22,5°, 45°$

- 10 Werte für die Permittivität:$\epsilon_r = 2, 4, 6, 8, 10, 12, 14, 16, 18, 20$

Es werden insgesamt drei Mal (drei Polarisations-Konfigurationen) $2N = 120$ Simulationen durchgeführt. Die quaderförmigen Geometrien werden deshalb ausgewählt, da sie eine „Vorzugsrichtung" haben, d.h. unter dem Rotationswinkel $0°$ ist ihre Ausdehnung in x-Richtung größer, als in y-Richtung. Dies bedeutet, dass der Einfluss auf eine in x-Richtung polarisierte Welle größer ist, als auf eine in y-Richtung polarisierte. Hat man

KAPITEL 5. FELDSIMULATIONEN

kein Vorwissen über die Orientierung der zu charakterisierenden Objekte, so scheint eine Anregung in zwei orthogonalen Polarisationen sinnvoll zu sein.

Nun werden die Simulationsdaten einer PCR[10] zugeführt. Es werden sieben Fälle unterschieden, hierbei wird der in seiner ursprünglichen Polarisation verbleibende Anteil als kopolar und der Polarisationsübersprecher als kreuzpolar bezeichnet:

1. Anregung polarisiert in x-Richtung, Verwendung des kopolaren Anteils

2. Anregung polarisiert in y-Richtung, Verwendung des kopolaren Anteils

3. Anregung unter 45°

4. Anregung polarisiert in x-Richtung danach in y-Richtung, Verwendung der kopolaren Anteile

5. Anregung polarisiert in x-Richtung, Verwendung des kopolaren und kreuzpolaren Anteils

6. Anregung polarisiert in y-Richtung, Verwendung des kopolaren und kreuzpolaren Anteils

7. Anregung polarisiert in x-Richtung danach in y-Richtung, Verwendung der kopolaren und kreuzpolaren Anteile

Es ist sichergestellt, dass in jedem der sieben Fälle insgesamt mit gleicher Leistung angeregt wird. Dies bringt für die Fälle 1., 2., 5., und 6. einen Vorteil im Signal-zu-Rausch-Verhältnis von 3 dB bezüglich des kopolaren Anteils, es wird allerdings auch nur in einem „Kanal" kopolar empfangen. Abbildung 5.41 zeigt den Fehler der Validation $RMSE_v$ über der Rauschamplitude $v_{n,RMS}$ für alle sieben Fälle. Hierbei sind nur Objekte mit dem Rotationswinkel 0° einbezogen. Es ist zu erkennen, dass 1. die besten Ergebnisse bringt. 3. und 4. liegen dahinter gleich auf, 2. und 6. schneiden am schlechtesten ab. Die Einbeziehung der kreuzpolaren Daten in die PCR scheint keine Vorteile zu bringen, sondern sich eher nachteilig auszuwirken. Abbildung 5.42 zeigt den Fehler der Validation $RMSE_v$ über der Rauschamplitude $v_{n,RMS}$ für alle sieben Fälle. Hierbei sind nur Objekte mit dem Rotationswinkel 45° einbezogen. Alle liegen ungefähr gleich auf, die Fälle, in denen kreuzpolare Daten verwendete werden, schneiden am schlechtesten ab.

---

[10]Es wird in diesem Falle eine PCR (Schrittweise Regression mit maximal 30 Hauptkomponenten) verwendet, da die Anzahl der Testobjekte gering ist. Zudem wird keine minimal erforderliche Standardabweichung festgelegt, da die Standardabweichung der Polarisationsübersprecher sich um Größenordnungen von den kopolaren Daten unterscheidet. Die Verwendung einer PLSR liefert in diesem Falle schlechtere Ergebnisse als die PCR. Ein ANN wird nicht verwendet, da die Ergebnisse sehr starken Schwankungen unterliegen. Dieses Verhalten macht eine vergleichende Analyse ungleich schwerer.

5.4. POLARISATIONSDIVERSITÄT

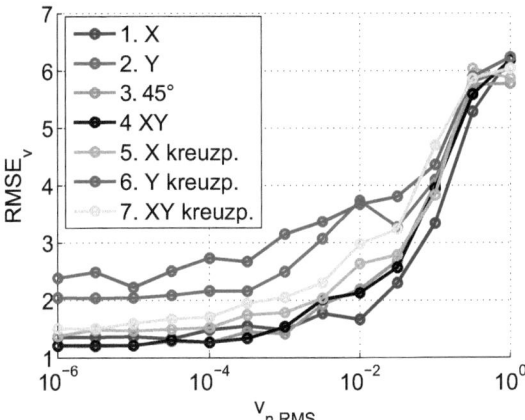

Abbildung 5.41: *Mittlerer Fehler der Validation $RMSE_v$ als Funktion der Rauschamplitude $v_{n,RMS}$, Vergleich der Polarisations-Konfigurationen, nur Simulationen unter dem Rotationswinkel $0°$.*

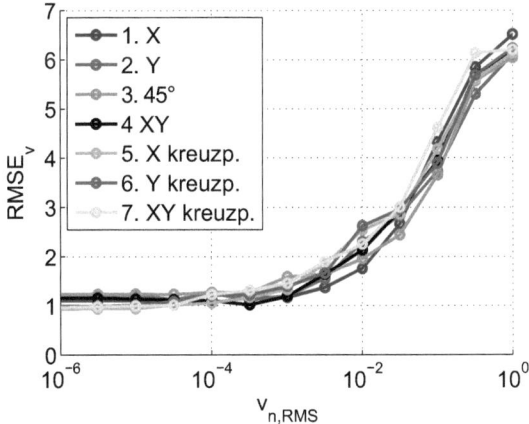

Abbildung 5.42: *Mittlerer Fehler der Validation $RMSE_v$ als Funktion der Rauschamplitude $v_{n,RMS}$, Vergleich der Polarisations-Konfigurationen, nur Simulationen unter dem Rotationswinkel $45°$.*

KAPITEL 5. FELDSIMULATIONEN

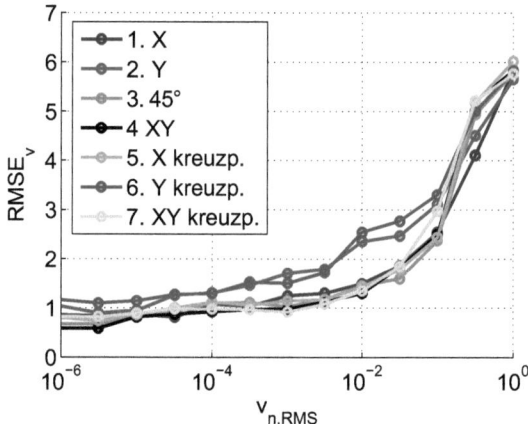

Abbildung 5.43: *Mittlerer Fehler der Validation $RMSE_v$ als Funktion der Rauschamplitude $v_{n,RMS}$, Vergleich der Polarisations-Konfigurationen, Simulationen unter allen Rotationswinkeln.*

Abbildung 5.43 zeigt den Fehler der Validation $RMSE_v$ über der Rauschamplitude $v_{n,RMS}$ für alle sieben Fälle. Hierbei sind alle Objekte einbezogen. 2. und 6. schneiden wie zuvor wieder am schlechtesten ab. Der Rechenaufwand der multivariaten Verfahren steigt natürlich mit der Anzahl der Variablen. Es werden ebenfalls Simulationen mit den in Kapitel 5.2 beschriebenen Geometrien und nicht-dispersiven und dispersiven Dielektrika durchgeführt. Es kann kein signifikanter Unterschied in der Genauigkeit der PCR zwischen den sieben unterschiedlichen Fällen festgestellt werden. In der Praxis sind Antennen zur Abstrahlung und zum Empfang von elektromagnetischen Wellen nötig. Diese haben ein nicht-ideales Verhalten bezüglich ihrer Polarisation. Seien die dual polarisierten Sende- und eine Empfangsantenne durch ihre Jones-Matrizen T und R beschrieben, so ergibt sich bei einem in x-Richtung polarisierten Eingangssignal der Ausgangsvektor

$$\vec{J}_{aus,real} = TMR \begin{bmatrix} E_x \\ 0 \end{bmatrix} = \begin{bmatrix} E_x \left(R_{1,1} \left(M_{1,1}T_{1,1} + M_{1,2}T_{2,1} \right) + R_{1,2} \left(M_{2,1}T_{1,1} + M_{2,2}T_{2,1} \right) \right) \\ E_x \left(R_{2,1} \left(M_{1,1}T_{1,1} + M_{1,2}T_{2,1} \right) + R_{2,2} \left(M_{2,1}T_{1,1} + M_{2,2}T_{2,1} \right) \right) \end{bmatrix}. \quad (5.11)$$

Die zu bestimmenden Messgrößen sind $M_{1,1}$ und $M_{2,1}$, wobei die Bestimmung des kreuzpolaren Anteils $M_{2,1}$ besonders kritisch ist. Seine Leistung ist um 20 dB und mehr kleiner als der kopolare Anteil, deshalb machen sich die durch die nicht-idealen Antennen hervorgerufenen Polarisationsübersprecher ($R_{2,1}$ und $T_{2,1}$) stark bemerkbar (vgl. Gleichung 5.9). In [64] wird im Zusammenhang mit dual polarisierten UWB-Antennen bereits von „hoher Polarisationsentkopplung" gesprochen, wenn diese in Hauptstrahlungsrichtung > 20 dB ist. Ein „heraus-kalibrieren" ist nur begrenzt möglich, da sich auch die Matrix M und damit der Polarisationsübersprecher innerhalb der Antennen bei jedem Messobjekt ändert.

In der Praxis bedeutet das Senden und/oder Empfangen in zwei orthogonalen Polarisationsebenen erhöhten Aufwand und es muss je nach Anwendung die Notwendigkeit abgeschätzt werden. Die Polarisationsübersprecher, die durch dielektrische Testobjekte verursacht werden, können bei den hier betrachteten Objekten als sehr gering festgestellt werden (im Bereich -20 dB). Deren Messung ist aufgrund nicht-idealer Antennen kritisch. Die Genauigkeit der statistischen Modelle wird allerdings bei der Einbindung von kreuzpolaren Anteilen laut vorgenommenen Simulationen eher verschlechtert als verbessert. Liegt kein Vorwissen bezüglich der Geometrie bzw. die Orientierung vor, so ist eine linear polarisierte Anregung mit einer unter 45° orientierten dual-orthogonal-polarisierten Empfangsantennen eine gute Wahl.

5.5 Klassifikation

Bisher wurden mittels PCR, PLSR und ANN kontinuierliche statistische Modelle zur Bestimmung beispielsweise der dielektrischen Eigenschaften entwickelt. Möchte man allerdings Objekte in geometrische oder auch andere Klassen einordnen, so eignet sich die in Kapitel 4.4 vorgestellte LDA. In diesem Kapitel sollen die in Kapitel 5.2 und 5.3 simulierten Objekte bezüglich ihrer geometrischen Form unabhängig vom Volumen, Rotationswinkel und der dielektrischen Eigenschaften klassifiziert werden. Zunächst wird wiederum in Kalibrations- und Validationsdatensätze aufgeteilt und eine PCA durchgeführt[11]. Die ersten 15 Hauptkomponenten werden der LDA zugeführt. Der Fehler der LDA ist definiert als das Verhältnis zwischen falsch klassifizierten Objekten und der Gesamtanzahl der Objekte, jeweils für die Kalibration und die Validation. Abbildung 5.44 zeigt den Fehler von Kalibration und Validation über der auf 1 V normierten Rauschamplitude für die nicht dispersiven Objekte aus Kapitel 5.2. Abbildung 5.45 zeigt den Fehler von Kalibration und Validation über der auf 1 V normierten Rauschamplitude für die dispersiven Objekte aus Kapitel 5.3. Neben der Klassifikation der geometrischen Form können auch andere

---

[11]Hier wird eine PCA durchgeführt, um die Anzahl der Eingangsvariablen der LDA unter Beibehaltung eines Großteils der Varianz zu reduzieren. Zur Extraktion signifikanter Merkmale aus einer Vielzahl von Variablen im Zusammenhang mit Mustererkennung oder Klassifizierung wird oftmals eine PCA verwendet [43].

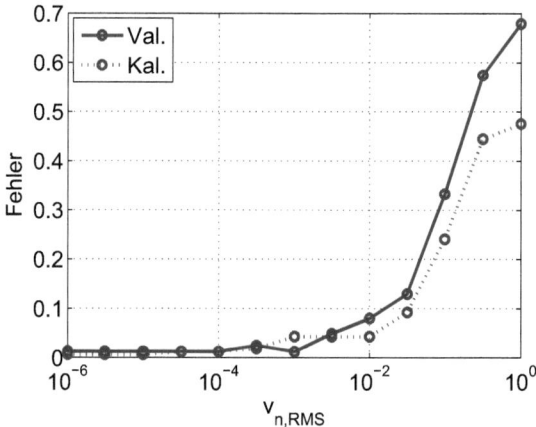

Abbildung 5.44: *Fehler der Kalibration und Validation über der Rauschamplitude, nichtdispersive Objekte, Klassifikation der geometrischen Form.*

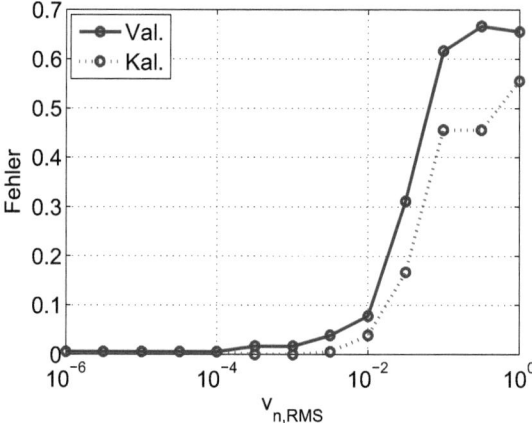

Abbildung 5.45: *Fehler der Kalibration und Validation über der Rauschamplitude, dispersive Objekte, Klassifikation der geometrischen Form.*

5.6. RECHENAUFWAND

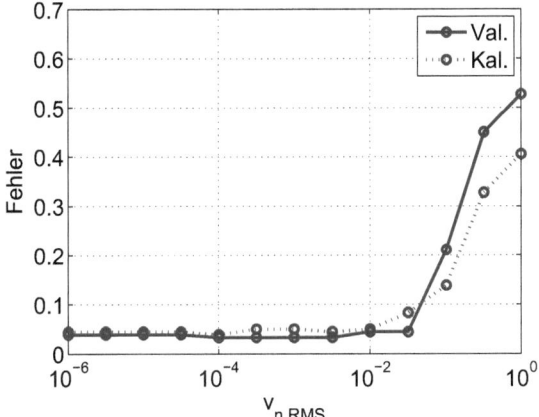

Abbildung 5.46: *Fehler der Kalibration und Validation über der Rauschamplitude, dispersive Objekte, Klassifikation in Wassergehalt < 50 % und Wassergehalt > 50 %.*

Klassen definiert werden. Es können beispielsweise die Objekte aus Kapitel 5.3 in Objekte mit Wassergehalt < 50 % und solche mit Wassergehalt > 50 % klassifiziert werden. Abbildung 5.46 zeigt die Ergebnisse dieser Klassifikation in „dielektrische Klassen". Dies ermöglicht die Entwicklung statistischer Modelle mittels PCR, PLSR, ANN oder anderer Verfahren für den Wassergehalt in jeder Klasse, ohne die jeweilige Klasse der Validationsobjekte bzw. des zu charakterisierenden Testobjektes vorher zu kennen. Die Klasse der Kalibrationsobjekte muss natürlich vorher bekannt sein, um eine Kalibration der LDA durchzuführen. Im Hinblick darauf, dass die statistischen Modelle für die beiden Klassen in Kapitel 5.3.2 sich in ihrer Genauigkeit sehr stark unterscheiden, ist diese Methode von großem Vorteil.

5.6 Rechenaufwand

Der Rechenaufwand für die Feldsimulationen mit CST Microwave Studio hängt sowohl vom gewählten Frequenzbereich und der gewählten Genauigkeit[12], als auch von der Geometrie und den dielektrischen Eigenschaften des simulierten Objektes ab. Somit variiert die Rechenzeit stark und beträgt bis zu einer Stunde und mehr für ein einzelnes Objekt[13].

---
[12] Ein Maß für die Genauigkeit ist die noch in der Struktur enthaltene Feldenergie beim Abbruch der Simulation. Bezogen auf die maximal enthaltene Feldenergie wird eine Genauigkeit von -50 dB angesetzt.
[13] Es werden ein Standard-Rechner mit 4 GByte Arbeitsspeicher und eine Workstation mit 24 GByte Arbeitsspeicher verwendet.

KAPITEL 5. FELDSIMULATIONEN

Bei 100 und mehr Objekten in einer Simulationsreihe beträgt die Gesamtrechenzeit mehrere Tage.

Der Rechenaufwand für die in Matlab implementierten multivariaten Algorithmen PCR, PLSR, ANN und LDA hängt natürlich von der Anzahl der Kalibrations- und Validationsobjekten und der Anzahl der Variablen ab. Auf einem Standard-Rechner können für die hier vorgestellten Simulationsreihen Rechenzeiten im Bereich von wenigen Sekunden inklusive dem Erstellen von Grafiken beobachtet werden. Bei dem ANN sind oftmals 100 und mehr Trainingsdurchläufe nötig, so dass die Rechenzeit hier im Bereich von wenigen Minuten liegt. Entscheidend für eine spätere Anwendung ist allerdings nicht der Rechenaufwand für die Kalibration, sondern für die Berechnung der Eigenschaften eines Validationsobjektes oder Testobjektes mit den vorher bereits bestimmten Modellparametern.

5.7 Zusammenfassung Feldsimulationen

In diesem Kapitel wurden idealisierte Feldsimulationen von dispersiven und nicht-dispersiven unregelmäßig geformten dielektrischen Objekten vorgestellt. Aus den Simulationen gewonnene Empfangssignale wurden den multivariaten Verfahren PCR, PLSR und ANNs zugeführt, um statistische Modelle für die dielektrischen Eigenschaften oder mit denen in Beziehung stehenden Eigenschaften zu entwickeln. Dabei wurde die Genauigkeit der Verfahren in Abhängigkeit der Qualität der Empfangssignale, die mit Rauschen und Jitter beaufschlagt wurden, untersucht. Es konnten für Empfangssignale mit hoher Qualität statistische Modelle mit einem RER[14] im Bereich von etwa 10 bis 60 entwickelt werden, die die Bestimmung der dielektrischen Eigenschaften unabhängig von anderen Parametern wie Geometrie oder Rotationswinkel erlauben. Auch andere Parameter wie das Volumen konnten bestimmt werden. Zudem wurde die Polarisationsdiversität bezüglich der Polari-

---

[14]Der RER wird als Maß für die Qualität bzw. die Brauchbarkeit eines statistischen Modells verwendet [47]. Eine Klassifizierung des RERs hinsichtlich der Qualität des statistischen Modells und der möglichen Anwendung findet sich in [48]:

RER	Kategorie	Anwendung
bis 6	sehr schlecht	nicht empfohlen
7-12	schlecht	grobes Screening
13-20	mittelmäßig	Screening
21-30	gut	Qualitätsüberwachung
31-40	sehr gut	Prozessüberwachung
41+	ausgezeichnet	beliebig

Diese aus dem Bereich der Nahinfrarotspektroskopie stammende Einordnung fand bereits im Bereich der Mikrowellensensorik in [33, 65, 66] Verwendung. Allerdings hängt die benötigte Genauigkeit und die Brauchbarkeit natürlich von der konkreten Anwendung ab, die genannten Werte können nur als Richtwert dienen.

5.7. ZUSAMMENFASSUNG FELDSIMULATIONEN

sationskonfigurationen des Antennensystems untersucht. Es konnte herausgefunden werden, dass die Polarisationsübersprecher nicht zur Verbesserung der statistischen Modelle beitragen. Es ist möglich, die Objekte mittels LDA in Klassen einzuordnen, was beispielsweise eine geometrische Klassifizierung erlaubt. Zudem kann auch in abstraktere, z.B. dielektrische Klassen, unterteilt werden, was die Entwicklung akkuraterer statistischer Modelle in eingeschränkten Wertebereichen zulässt. Die hier gewonnenen Erkenntnisse werden im nächsten Kapitel messtechnisch verifiziert.

Kapitel 6

Messungen

Das in den vorherigen Kapiteln vorgestellte und anhand von Simulationen (siehe Kapitel 5) evaluierte Verfahren zur Charakterisierung von dielektrischen Objekten im Freiraum soll nun anhand von Messungen untersucht werden. Dies ist notwendig, um die Leistungsfähigkeit des Verfahrens unter Laborbedingungen in der Realität zu testen. In diesem Kapitel werden Messaufbau, Signalverarbeitung und einige Messreihen vorgestellt.

6.1 Messaufbau

Zunächst erfolgt eine nähere Betrachtung des Messaufbaus. Es werden verschiedene im Rahmen dieser Arbeit entwickelte und untersuchte Antennen- und Antennensysteme vorgestellt. Die Erzeugung und die Abtastung des Messsignals und das vollständig automatisierte Gesamtsystem werden danach beschrieben.

6.1.1 Antennensysteme

Das Sensorsystem soll analog zu den in Kapitel 5 vorgestellten Simulationen linear polarisierte UWB-Signale abstrahlen und damit ein Messobjekt beleuchten. Auf der gegenüberliegenden Seite sollen Anteile der gestreuten Wellen in zwei orthogonalen Polarisationsrichtungen empfangen werden. Diese Polarisations-Konfiguration wurde in Kapitel 5.4 simulatorisch mit anderen verglichen, sie hat sich als besonders geeignet herausgestellt für den Fall, dass kein Vorwissen über die Orientierung der Testobjekte vorhanden ist. Die Abstrahlung der Signale erfolgt durch eine kommerzielle Doppelsteghornantenne[1].

---

[1] Rohde & Schwarz HF906

KAPITEL 6. MESSUNGEN

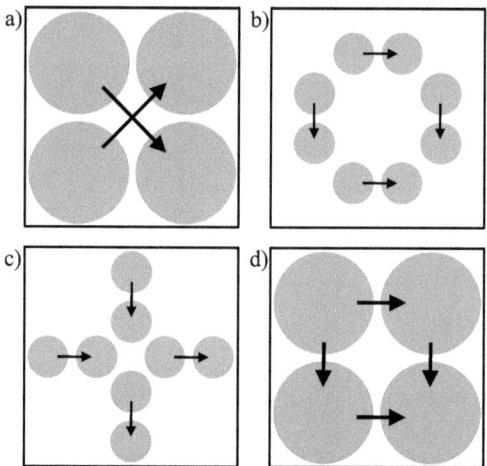

Abbildung 6.1: *Vier mögliche Anordnungen der Strahlungselemente: Mit zwei Speisepunkten über Kreuz und vier Strahlungselementen (a), mit vier Speisepunkten und acht Strahlungselementen parallel (b), mit vier Speisepunkten und acht Strahlungselementen über Kreuz (c), mit vier Speisepunkten parallel und vier Strahlungselementen (d).*

Für den Empfang in zwei orthogonalen Polarisationen werden verschiedene Antennen und Antennengruppen entwickelt.

6.1.1.1 Eine kompakte dual polarisierte UWB-Antenne

Es gibt eine Vielzahl von UWB-Antennen [67–71], die sich für den Aufbau von dual polarisierten Antennen eignen. Es exisiteren auch bereits verschiedene dual polarisierte Antennen aus z.B. Dipolantennen [72–76] oder Hornantennen [77–80]. Viele dieser Antennen haben den Nachteil, dass sich die Speisepunkte der zwei orthogonal angeordneten Antennen kreuzen. In [81] wird eine Antenne vorgestellt, die diesen Nachteil mit zwei orthogonalen Speisenetzwerken und zwei Speisepunkten in jeder Polarisationsrichtung überwindet.

Abbildung 6.1 zeigt vier mögliche Anordnungen zur Realisierung dual polarisierter Antennen. Die Anordnung mit zwei Speisepunkten über Kreuz und vier Strahlungselementen hat den Nachteil, dass sich die Speisepunkte überkreuzen. Die beiden Pole der Speisepunkte liegen geometrisch sehr weit auseinander, was sich auf die Eingangsimpedanz nachteilig auswirkt, es könnten dann z.B. tropfenförmige Strahlungselemente verwendet werden. Jedoch liegt jeweils der eine Dipol in Hauptstrahlungsrichtung des anderen. Die Nachteile können durch andere Anordnungen wie jene mit vier Speisepunkten und acht Strahlungselementen parallel oder mit vier Speisepunkten und acht Strahlungselementen über Kreuz vermindert werden. Durch die Distanz der Dipole zueinander treten hier allerdings starke Nebenkeulen auf. Derartige Antennen werden mit Vivaldi-Antennen realisiert und evaluiert (siehe Anhang A.1), aufgrund ihrer Abmessungen und Komplexität wird allerdings eine Anordnung wie Abbildung 6.1, Bild d), favorisiert. Diese besteht aus vier planaren Strahlungselementen, sowohl die Elemente als auch die gesamte Anordnung weisen eine doppelte Symmetrie auf. Es bilden jeweils zwei Strahlungselemente einen Dipol, in jeder Polarisationsebene werden dann zwei parallele Dipole im Gleichtakt angeregt. Diese Anordnung hat den Vorteil, dass sich in Richtung der Strahlungsmaxima beider Antennen keine Strahlungselemente der jeweils orthogonalen Antenne, wie bei einer gekreuzten Anordnung, befinden. Zudem erhöht sich die Richtwirkung der Antenne. Durch die doppelte Symmetrie wird idealerweise eine vollständige Entkopplung beider Polarisationsebenen erreicht. Der Prototyp der Antenne ist in Abbildung 6.2 abgebildet. Der Durchmesser der Strahlungselemente beträgt 24 mm. Die Gesamtabmessungen der Leiterplatte mit den vier Elementen beträgt 50 mm × 50 mm. Die Antenne besitzt zwei orthogonale Speisenetzwerke, hierdurch werden gekreuzte Speisepunkte vermieden. Jedes der Speisenetzwerke besteht aus einem zweistufigen Wilkinson-Teiler und zwei Symmetriergliedern[2]. Die Symmetrierglieder transformieren von der unsymmetrischen Mikrostreifenleitung auf eine symmetrische Zweidrahtleitung, der Wellenwiderstand wird zudem von 50 Ω auf 92 Ω transformiert[3]. Dieser Wert resultiert aus einer Optimierung der Struktur hinsichtlich der Anpassung. Die Speisenetzwerke haben die Dimensionen 50 mm × 142 mm und 50 mm × 103 mm. Um eine Strahlung in Richtung der Speisenetzwerke zu verhindern, wird Absorbermaterial angebracht.

In Abbildung 6.3 sind die gemessenen Streuparameter der Antenne dargestellt. $S_{1,1}$ ist die Anpassung an Tor 1, $S_{2,2}$ ist die Anpassung an Tor 2 und $S_{2,1}$ der Übersprecher zwischen beiden Toren. Die Anpassung ist besser als 7 dB in einem Frequenzband von 2 GHz bis 5,7 GHz. Die Isolation zwischen den Toren ist besser als 30 dB. Die Abbildungen 6.4 und 6.5 zeigen die Strahlungsdiagramme der Antenne in E-Ebene und H-Ebene bei einer Frequenz von $f = 5$ GHz. Der abgestrahlte kreuzpolare Anteil ist in Hauptstrahlungsrichtung mehr als 25 dB unterdrückt. Es ist zu erkennen, dass bei dieser Frequenz in der H-Ebene

---

[2]Es werden sog. „tapered baluns" eingesetzt, siehe z.B. [82].
[3]Der Wellenwiderstand einer Leitung ist nur für den Fall einer sich ausbreitenden TEM-Welle eindeutig definiert. Enthält die Welle Feldkomponenten in Ausbreitungsrichtung, existieren mehrere Definitionen [83]. Der Simulator verwendet eine Leistungs-Strom Definition, bei der die Summe der in die Struktur hineinfließenden Ströme über das Integral des magnetischen Feldes und die Leistung über das Integral des Poynting-Vektors berechnet werden [21].

KAPITEL 6. MESSUNGEN

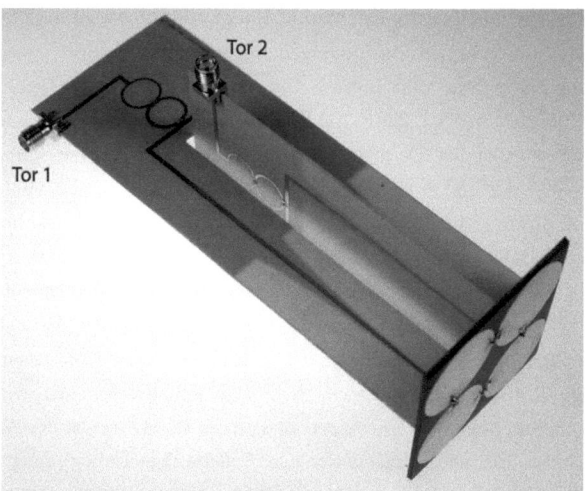

Abbildung 6.2: *Prototyp der dual polarisierten UWB-Antenne (ohne Absorbermaterial).*

bereits Nebenkeulen mit einer Nebenkeulendämpfung von etwa 10 dB auftauchen. Das Abstrahlverhalten ist in der E-Ebene sehr viel konstanter über der Frequenz als in der H-Ebene (siehe auch simulierte Strahlungsdiagramme im Anhang A.2). Der Gewinn beträgt 5,2 dB bei $f = 5$ GHz.

6.1.1.2 Dual polarisierte UWB-Antennengruppen

Um eine Antennenkonfiguration, wie prinzipiell in den Simulationen (siehe Kapitel 5) gezeigt, zu erhalten, werden mehrere Gruppenantennen untersucht. Dabei spielt insbesondere die Interaktion zwischen den einzelnen Antennen bzw. Strahlungselementen eine Rolle. Bei den hier vorgestellten Gruppenantennen handelt es sich um eine Gruppe von einzelnen Antennen, deren Empfangssignale separat gewonnen werden. Zunächst wird eine 1-dimensionale Gruppenantenne aus vier der in Kapitel 6.1.1.1 vorgestellten dual polarisierten Antennen aufgebaut und für Messungen verwendet. Um eine virtuelle 2-dimensionale Gruppenantenne wie in den in Kapitel 5 vorgestellten Simulationen zu synthetisieren, wird das Messobjekt orthogonal zur 1-dimensionalen Gruppenantenne in 3 Positionen verschoben. Abbildung 6.6 zeigt das Prinzip zur Synthese der virtuellen 2-dimensionalen Gruppenantenne in der Draufsicht. Die Antennen sind durch Pfeile symbolisiert, die Richtung des Pfeils gibt die Polarisation der Antenne an. Das als blauer Kreis dargestellte Testobjekt wird in drei verschiedene Positionen bewegt, in jeder Position

6.1. MESSAUFBAU

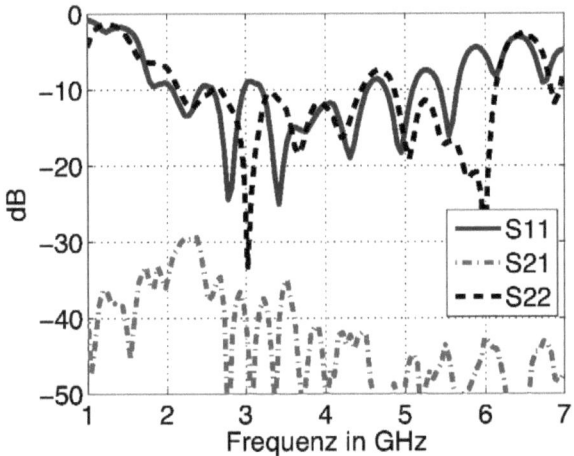

Abbildung 6.3: *Gemessene Streuparameter der dual polarisierten UWB-Antenne.*

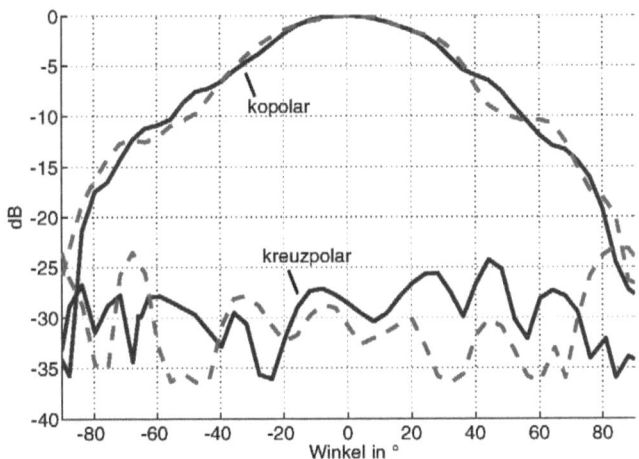

Abbildung 6.4: *Gemessenes Strahlungsdiagramm der dual polarisierten UWB-Antenne bei $f = 5\,\text{GHz}$, E-Ebene, Ko- und Kreuzpolarisation, durchgezogene Linie: Tor 1 angeregt, gestrichelte Linie: Tor 2 angeregt. Die Normierung erfolgte auf den Maximalwert.*

KAPITEL 6. MESSUNGEN

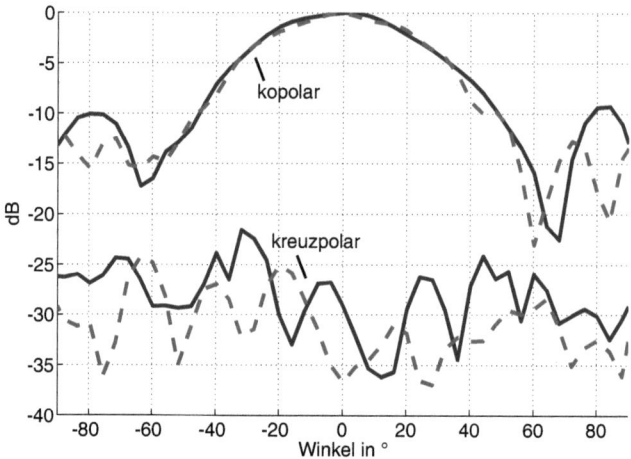

Abbildung 6.5: *Gemessenes Strahlungsdiagramm der dual polarisierten UWB-Antenne bei $f = 5\,\text{GHz}$, H-Ebene, Ko- und Kreuzpolarisation, durchgezogene Linie: Tor 1 angeregt, gestrichelte Linie: Tor 2 angeregt.*

werden mit dem Antennensystem acht Signale in zwei orthogonalen Polarisationsebenen empfangen. Idealerweise erhält man die gleichen Signale wie mit einem unbewegten Objekt und einer 2-dimensionalen Gruppenantenne. Der Vorteil der erstgenannten Konfiguration besteht darin, dass nur eine 1-dimensionale Gruppenantenne nötig ist. Der Vorteil von der letztgenannten Konfiguration besteht darin, dass das Objekt nicht bewegt werden muss und alle Signale zeitgleich gewonnen werden können. Für spätere Anwendungen im Bereich der Prozessüberwachung ist es denkbar, dass sich die zu charakterisierenden Objekte auf einem Förderband bewegen. Dies prädestiniert eine Konfiguration mit einer 1-dimensionalen Gruppenantenne orthogonal zur Bewegungsrichtung des Förderbandes.

Dual polarisierte Antennen sind in ihrer Entwicklung und im Aufbau sehr viel komplexer als linear polarisierte Antennen. Indem man die orthogonalen Antennen räumlich trennt, können ebenfalls dual polarisierte Antennen ohne die Verwendung „echter" dual polarisierter Antennen synthetisiert werden. Abbildung 6.7 zeigt das entsprechende idealisierte Prinzip. In diesem Falle muss das Objekt in eine zusätzliche vierte Position bewegt werden, um die gleichen Signale wie beim vorher betrachteten Prinzip zu gewinnen. Es werden noch zusätzliche Signale gewonnen, wenn bei jeder Position des Testobjektes alle Antennen verwendet werden. Diese Konfiguration hat den Vorteil, dass keine dual polarisierten Antennen verwendet werden. Es werden lediglich linear polarisierte Antennen

6.1. MESSAUFBAU

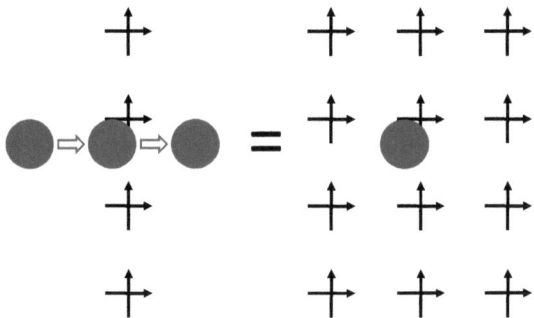

Abbildung 6.6: *Idealisiertes Prinzip der Synthese einer dual polarisierten virtuellen 2-dimensionalen Gruppenantenne.*

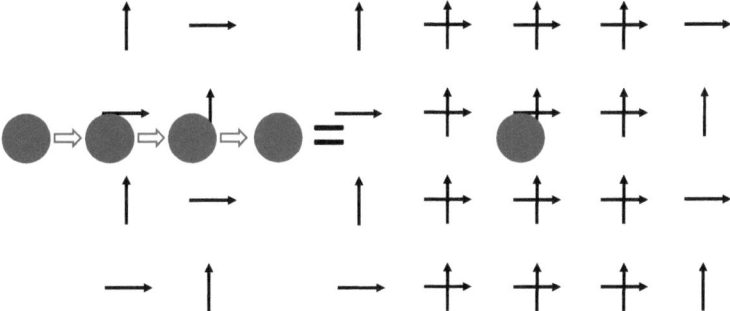

Abbildung 6.7: *Idealisiertes Prinzip der Synthese einer dual polarisierten virtuellen 2-dimensionalen Gruppenantenne ohne Verwendung dual polarisierter Antennen.*

in zwei Polarisationsrichtungen angeordnet. Der Nachteil besteht darin, dass der Abstand der Antennen in Bewegungsrichtung des Testobjektes fest ist. Die Positionen des Testobjektes sind somit durch diesen Abstand festgelegt, wenn die Signale in den zwei Polarisationen virtuell in einem Punkt gewonnen werden sollen. Zudem muss das Objekt in eine zusätzliche Position bewegt werden.

Eine solche Gruppenantenne wird ebenfalls entwickelt. Abbildung 6.8 zeigt ein Photo der Gruppenantenne. Sie besteht aus acht breitbandigen Dipolen, deren Geometrie hinsichtlich der Anpassung optimiert ist. Die Dipolelemente sind näherungsweise kreisförmig mit einem maximalen Durchmesser von 30 mm. Die Speisung erfolgt durch einen Übergang von Koaxialleitung auf Schlitzleitung, so dass kein weiteres Speisenetzwerk und keine Symmetrierglieder notwendig sind. Der Abstand zwischen direkt benachbarten Dipolen beträgt 80 mm in jede Richtung. Zwischen Dipolen in gleicher Polarisation beträgt der

KAPITEL 6. MESSUNGEN

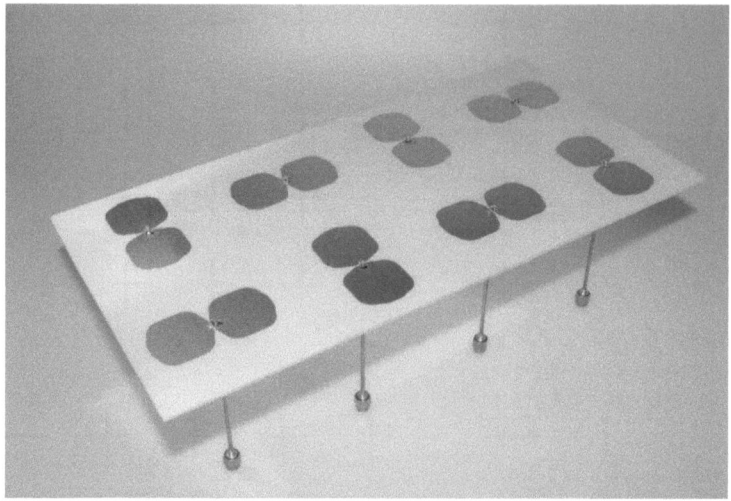

Abbildung 6.8: *Prototyp der Gruppenantenne mit linear polarisierten UWB-Dipolen in zwei orthogonalen Polarisationsebenen.*

Abstand $\sqrt{2}\,80\,\text{mm}$. Die Anordnung bietet den größten Abstand zwischen Elementen in gleicher Polarisation. Die Gesamtabmessungen betragen 160 mm × 320 mm × 100 mm. Die Anpassung aller Antennen ist besser als 10 dB zwischen 1,6 GHz und 4,2 GHz (siehe Abbildung 6.9). Der Übersprecher zwischen den einzelnen Elementen liegt im Bereich von maximal −20 dB bei 10 GHz. Im Gesamtsystem ist eine möglichst niedrige untere Grenzfrequenz der Antennen wünschenswert, da Signale niedriger Frequenz tiefer in die Testobjekte eindringen. Bei der Entwicklung der Antenne spielt allerdings neben der unteren Grenzfrequenz auch die Größe eine Rolle, um möglichst viele Antennen auf kleinem Raum unterzubringen. Dieser Kompromiss führt auf Antennen, die besonders für niedrige Frequenzen < 1 GHz ungenügend angepasst sind. Die hohe Dynamik des Gesamtsystems lässt trotzdem eine Übertragung niedriger Frequenzen zu.

6.1.2 Messsignalgenerierung und -Abtastung

Die Messsignalgenerierung und Abtastung erfolgt mittels eines Abtastoszilloskops[4]. Das Oszilloskop erzeugt ein Sprungsignal mit einer Anstiegszeit von etwa 35 ps. Dieses Signal wird mittels zweier Differenzierglieder[5] und zweier breitbandiger Verstärker[6] pulsge-

---
[4]Tektronix TDS8000
[5]Picosecond 5212A
[6]Picosecond 5865

6.1. MESSAUFBAU

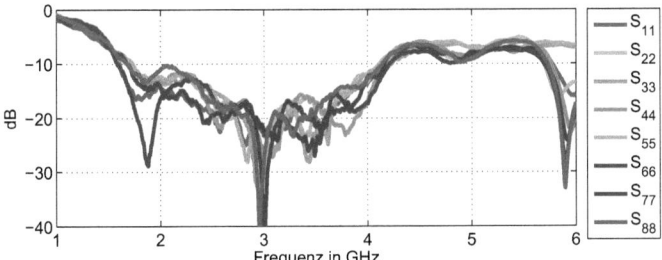

Abbildung 6.9: *Eingangsreflexionsfaktoren der Gruppenantenne mit linear polarisierten UWB-Dipolen in zwei orthogonalen Polarisationsebenen.*

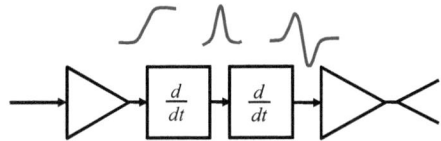

Abbildung 6.10: *Netzwerk zur Pulsformung und Verstärkung.*

formt und verstärkt (siehe Abbildung 6.10). Das erste Differenzierglied macht aus dem Sprungsignal einen Puls, das zweite aus dem Puls einen Monozyklus. Die Pulsformung wird vorgenommen, um das Signal auf den Frequenzbereich der Antennen anzupassen und Reflexionen zu vermeiden. Das pulsgeformte und verstärkte Signal wird mittels einer Hornantenne abgestrahlt, durchläuft die Messstrecke und wird mittels den in Kapitel 6.1.1.2 vorgestellten Gruppenantennen empfangen. Die einzelnen Antennen werden über einen Demultiplexer nacheinander auf den Eingang des Oszilloskops geschaltet. Abbildung 6.11 zeigt den Prototypen des Hochfrequenz-Demultiplexers. Er hat 16 Eingänge und einen Ausgang. Der Hochfrequenzteil der Schaltung besteht im Wesentlichen aus kommerziellen integrierten GaAs MESFET-Schaltern[7]. Die Einfügedämpfung und Isolation betragen 4,5 dB und mehr als 30 dB bei 4 GHz bzw. 6,8 dB und mehr als 22 dB bei 8 GHz.

Das Messsignal wird mit 25 kHz ständig wiederholt und sequenziell abgetastet, d.h. der Abtastzeitpunkt wird mit jeder Wiederholung des Messsignals etwas verschoben. Mit dieser Methode können sehr hohe Abtastraten bei moderaten Taktraten des Analog-Digital-Wandlers und der nachfolgenden Elektronik realisiert werden. Für die Qualität des abgetasteten Pulses ist das Empfängerrauschen maßgeblich. Um ein besseres Signal-Rausch-Verhältnis zu erreichen, wird eine Mittelwertbildung mehrerer Empfangssignale

---

[7]Hittite HMC321 und HMC547

KAPITEL 6. MESSUNGEN

Abbildung 6.11: *Prototyp des Hochfrequenz-Demultiplexers. Zu sehen ist hier nur der hochfrequenztechnische Teil der Schaltung.*

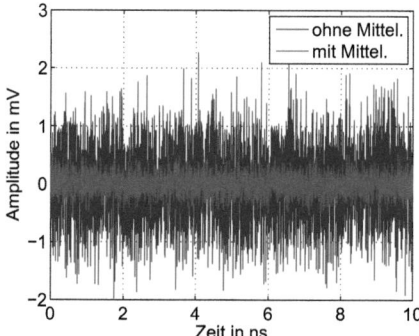

Abbildung 6.12: *Vom Mittelwert befreites Empfängerrauschen, ohne und mit Mittelwertbildung.*

durchgeführt. Abbildung 6.12 zeigt das vom Mittelwert befreite Empfängerrauschen vor und nach einer Mittelwertbildung über 15 Messungen. Durch die Mittelwertbildung kann das Rauschen von $v_{n,RMS} = 0{,}65\,\text{mV}$ auf $v_{n,RMS} = 0{,}17\,\text{mV}$ reduziert werden[8]. Der RMS-Jitter des Oszilloskops wird mit $t_{j,RMS} = 1\,\text{ps}$ angegeben.

6.1.3 Gesamtsystem

Für das Gesamtsystem sind noch ein Reihe mechanischer Komponenten, ein Mikrocontroller und ein Computer notwendig, um das System zu automatisieren. Das Blockschaltbild

---

[8]Es wird in diesem Falle die Standardabweichung mit Matlab bestimmt, dabei werden 4000 Amplitudenwerte pro Messung aufgenommen. Liegt ein unkorrelierter und mittelwertfreier Rauschprozess vor, so ist die Standardabweichung gleich der RMS-Rauschamplitude. Die Verminderung der Rauschamplitude ist proportional zu der Wurzel aus der Anzahl der Mittelwertbildungen.

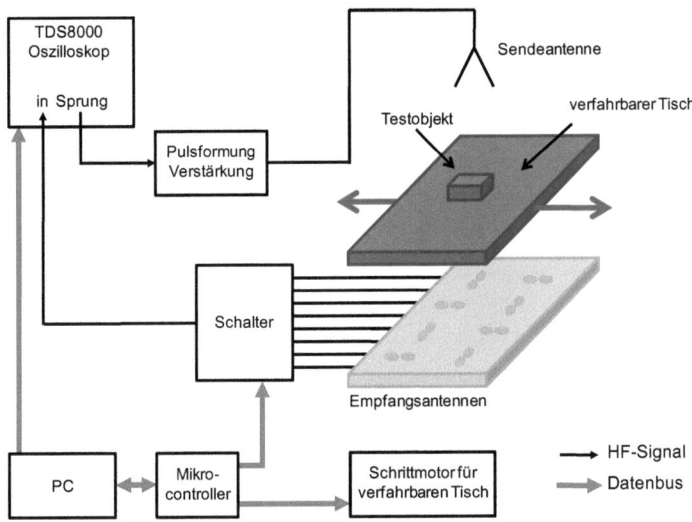

Abbildung 6.13: *Blockschaltbild des Messsystems.*

des Gesamtsystems ist in Abbildung 6.13 dargestellt. Es besteht aus einem Abtastoszilloskop, welches ein Sprungsignal generiert. Dieses Sprungsignal wird auf das im vorherigen Kapitel beschriebene Netzwerk zur Pulsformung und Verstärkung gegeben und schließlich in die Sendeantenne gespeist. Die abgestrahlte elektromagnetische Welle beleuchtet ein Testobjekt, welches sich auf einem verfahrbaren Tisch befindet. Der Tisch ist aus einem Polystyrolschaum[9] gefertigt, welcher in dem verwendeten Frequenzbereich fast unsichtbar ist[10]. Der Tisch ist in zwei Linearführungen beweglich gelagert und über einen Zahnriemen mit einem Schrittmotor verbunden. Unter dem Tisch befindet sich eine Gruppe von acht Empfangsantennen, die in zwei orthogonalen Polarisationsebenen angeordnet sind. Die durch das Testobjekt gestreute Welle wird durch die Empfangsantennen aufgenommen, die Antennen werden mittels des Schalters nacheinander auf den Eingang des Oszilloskops geschaltet und die Signale werden abgetastet. Das System ist vollständig automatisiert. Der Schalter und der Schrittmotor zur Bewegung des verfahrbaren Tisches werden über einen Mikrocontroller gesteuert. Dieser wird, ebenso wie das Oszilloskop, mit Hilfe eines Computers (PC) gesteuert. Abbildung 6.14 zeigt ein Foto des Messaufbaus. Es sind zur Unterdrückung von stehenden Wellen unter den Empfangsantennen und an den Seiten des verfahrbaren Tisches Mikrowellenabsorber angebracht.

---

[9]Styrofoam, Dow Chemical
[10]Polystyrol hat eine Permittivität von $\epsilon_r \approx 2{,}5$, der verwendete Polystyrolschaum eine von $\epsilon_r \approx 1{,}05$ [84].

KAPITEL 6. MESSUNGEN

Abbildung 6.14: *Foto des Messsystems.*

Im Messbetrieb werden die zu untersuchenden Objekte auf dem verfahrbaren Tisch positioniert, der restliche Ablauf der Messung ist komplett automatisiert.

Im Vorfeld besprochene Antennencharakteristika wie z.B. das Richtdiagramm sind streng genommen nur im Fernfeld gültig. Es existieren zwei sogenannte Fernfeldbedingungen, die vorschreiben, in welchem Bereich näherungsweise bereits von einem Fernfeld ausgegangen werden kann. Üblicherweise wird der Fernfeldabstand mit

$$r \geq \frac{8r'^2}{\lambda} \qquad (6.1)$$

angegeben[11], wobei die Aufpunktsentfernung mit r, die maximale Querabmessung der Antenne mit r' und die Wellenlänge mit λ bezeichnet sind. Ein zweite notwendige Fernfeldbedingung[12] ist mit

$$r \gg \frac{\lambda}{2\pi} \qquad (6.2)$$

---

[11]Diesem Abstand liegt ein maximaler Phasenfehler von 22.5° zu Grunde.
[12]Diese folgt aus den für das Fernfeld gemachten Voraussetzungen $kR \gg 1$ und $r \gg r'$ mit $R = |\vec{r} - \vec{r'}|$ und der Wellenzahl $k = \frac{2\pi}{\lambda}$ [85].

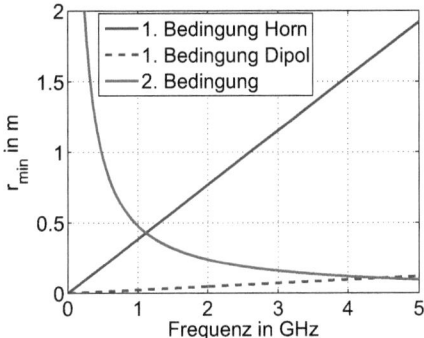

Abbildung 6.15: *Fernfeldregionen für Horn- und Dipolantenne über der Frequenz aufgetragen. Hierbei ist Gleichung 6.1 als 1. Bedingung und 6.2 als 2. Bedingung bezeichnet, dabei wurde $r \geq 10\frac{\lambda}{2\pi}$ angesetzt.*

gegeben. Generell kann man sagen, dass für elektrisch große Antennen Gleichung 6.1 und für elektrisch kleine Antennen Gleichung 6.2 maßgeblich ist. Dies ist auch deutlich in Abbildung 6.15 zu erkennen. Für die hier verwendete Hornantenne beträgt $r'_{Horn} = 12\,\mathrm{cm}$ und für die Dipolantennen $r'_{Dipol} = 3\,\mathrm{cm}$.

Der Abstand zwischen Messobjekt und Hornantenne beträgt etwa 50 cm (je nach Höhe des Messobjektes), der Abstand zu den darunterliegenden Dipolantennen beträgt etwa 10 cm (je nach Position des Messobjektes auf dem Tisch). Das Messobjekt befindet sich also nicht im Fernfeld der Antennen.

6.2 Signalvorverarbeitung

Durch systematische Gegebenheiten, Fertigungstoleranzen und andere nicht-ideale Verhältnisse unterscheiden sich die einzelnen Antennenpfade bezüglich ihres Amplituden- und Phasenganges. Es kommt hinzu, dass das System auch einer Langzeitdrift durch Temperatur- und Luftfeuchtigkeitsschwankungen unterliegt. Deshalb wird im Messbetrieb nach jeder zehnten Messung eine Leermessung durchgeführt, die als Referenzmessung bezeichnet wird. Die nächsten zehn Messungen werden dann auf diese Referenzmessung bezogen.

Abbildung 6.16 zeigt das Sendesignal bevor es in die Sendeantenne gespeist wird (Es ist in diesem Fall um 20 dB gedämpft). Ebenfalls sind dort das Empfangssignal einer Referenzmessung (kein Messobjekt present) und einer beispielhaften Messung mit Messobjekt

KAPITEL 6. MESSUNGEN

einer ausgewählten Antenne dargestellt. Es ist zu erkennen, dass Mehrfachreflexionen auftreten.

Das Sendesignal sei mit $s(t)$, das Signal der Referenzmessung ohne Messobjekt mit $r(t)$ und das Signal der Messung mit Messobjekt mit $m(t)$ bezeichnet. Zunächst wird bei allen Signalen der interessierende Bereich $t_0 \pm \Delta t$ bzw. $t_1 \pm \Delta t$ bestimmt und im Zeitbereich mit einem Hamming Fenster $w(t)$ gefenstert (siehe Abbildung 6.17). Somit ergeben sich die gefensterten Signale als:

$$\tilde{s}(t) = s(t)w(t-t_0), \quad t_0 - \Delta t < t < t_0 + \Delta t \quad , \tag{6.3}$$

$$\tilde{r}(t) = r(t)w(t-t_1), \quad t_1 - \Delta t < t < t_1 + \Delta t \quad , \tag{6.4}$$

$$\tilde{m}(t) = r(t)w(t-t_1), \quad t_1 - \Delta t < t < t_1 + \Delta t \quad . \tag{6.5}$$

In diesem Fall betragen $t_0 = 1{,}21\,\text{ns}$, $t_1 = 2{,}81\,\text{ns}$ und $\Delta t = 0{,}5\,\text{ns}$. Außerhalb dieser Bereiche wird jeweils mit Nullen aufgefüllt, um eine höhere Frequenzauflösung bei der Transformation in den Frequenzbereich zu erreichen. Eine Auswahl der Bereiche ist notwendig, um Mehrfachreflexionen zu eliminieren und verbessert das Signal-zu-Rausch-Verhältnis. Eine Fensterung mit einem Hamming-Fenster wird durchgeführt, um abrupte Sprünge zu eliminieren. Es wird eine FFT[13] mit den Signalen durchgeführt, was auf die Signale $\tilde{S}(\omega)$, $\tilde{R}(\omega)$ und $\tilde{M}(\omega)$ im Frequenzbereich führt. Die Übertragungsfunktion $H(\omega)$ kann nun mit dem Sendesignal und der Referenzmessung nach

$$H(\omega) = \frac{\tilde{R}}{\tilde{S}} \tag{6.6}$$

berechnet werden. Multipliziert man nun die Inverse der Übertragungsfunktion mit dem Signal der Messung, so erhält man das von der Übertragungsfunktion bereinigte Messsignal:

$$M_{kal}(\omega) = \frac{\tilde{M}}{H} \quad . \tag{6.7}$$

Eine Rücktransformation mittels einer inversen FFT mit vorheriger idealer Bandpassfilterung liefert das Messsignal $m_{kal,BP}$ im Zeitbereich (siehe Abbildung 6.18). Das ideale Tiefpassfilter bewirkt eine abklingende sinusförmige Schwankung im Zeitbereich. Es stellt sich

---
[13] Fast-Fourier-Transformation

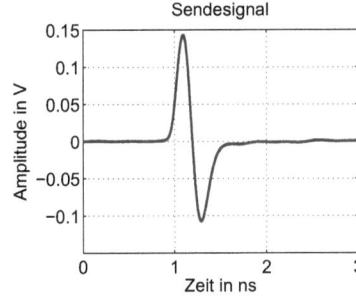 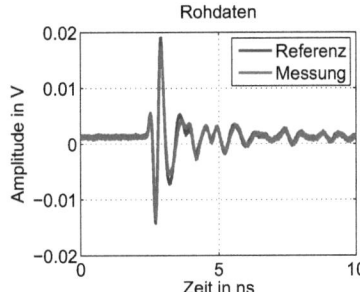

Abbildung 6.16: *Sendesignal (linkes Bild), Messsignal der Referenzmessung und einer beispielhaften Messung (rechtes Bild).*

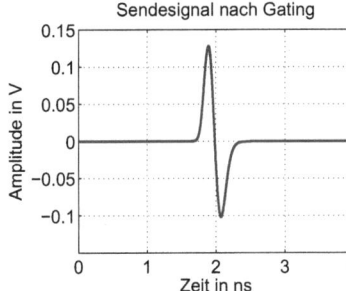 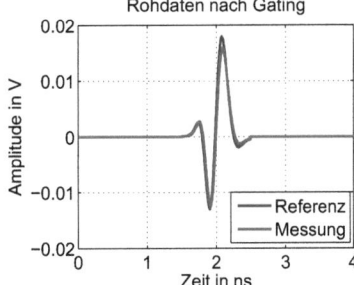

Abbildung 6.17: *Sendesignal (linkes Bild) nach Gating, Messsignal der Referenzmessung und einer beispielhaften Messung (rechtes Bild) nach Gating und Fensterung.*

heraus, dass für die in dieser Arbeit durchgeführten Messungen eine derartige Signalvorverarbeitung nicht unbedingt notwendig ist, da insbesondere die Drift durch Temperatur- und Luftfeuchtigkeitsschwanken sehr gering ist. Wird allerdings in Umgebungen mit z.B. großen Temperaturschwankungen gemessen, kann eine solche Vorverarbeitung notwendig sein. Durch die Verwendung multivariater Kalibrationsverfahren gibt es weitere Möglichkeiten Umgebungsgrößen zu berücksichtigen, siehe Kapitel 7.1.6.

6.3 Messreihen

In diesem Kapitel werden vier ausgewählte Messreihen vorgestellt. Dabei handelt es sich um die Vermessung von Testobjekten verschiedener Geometrien bestehend aus unterschiedlichen Materialien. Zunächst werden jeweils die Herstellung und die Beschaffenheit der Objekte beschrieben. Es folgt eine Auswertung mittels der in Kapitel 4 vorgestellten

KAPITEL 6. MESSUNGEN

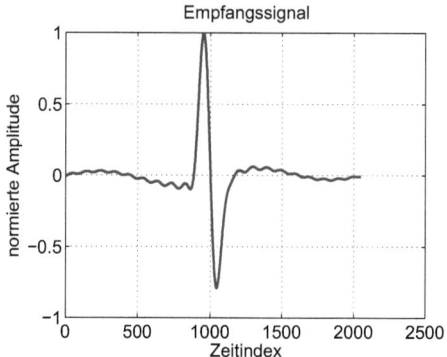

Abbildung 6.18: *Von der Übertragungsfunktion bereinigtes Messsignal.*

und bereits in Kapitel 5 angewendeten Verfahren. In Kapitel 6.3.1 werden zunächst nichtdispersive, verlustarme Objekte betrachtet. In den anderen Kapiteln werden dann aber auch dispersive und stark verlustbehaftete Objekte analysiert.

6.3.1 Nicht-dispersive Objekte

6.3.1.1 Herstellung und Beschreibung der Objekte

Es werden Würfel mit einer Kantenlänge von 2,5cm mit den neun verschiedenen Permittivitäten $\epsilon_r = 1{,}8; 3; 4; 6; 8; 10; 12; 15; 20$ aus dem kommerziellen Material Eccostock HIK500F [86] hergestellt. Für jede Permittivität stehen acht Würfel zur Verfügung, aus denen verschiedene Testobjekte zusammengesetzt werden. Abbildung 6.19 zeigt acht Arrangements (Geometrien) von Würfeln. Diese unterscheiden sich farblich, da sie aus Würfeln unterschiedlicher Permittivität zusammengesetzt sind.

Es werden folgende Parameter variiert:

- 8 Geometrien: 4 rechteckförmig, 2 L-förmig, 2 T-förmig
- 9 Permittivitäten: $1{,}8; 3; 4; 6; 8; 10; 12; 15; 20$
- 3 Rotationswinkel: $0°; 22{,}5°; 45°$

Alle Permutationen der Parameter ergeben $2N = 216$ Objekte, es wird jede Geometrie mit jeder Permittivität mit jedem Rotationswinkel vermessen. Das Material ist frequenzunabhängig und nahezu verlustlos. Der dielektrische Verlustwinkel $\tan\delta = \frac{\epsilon_r''}{\epsilon_r'}$ ist mit

86

6.3. MESSREIHEN

Abbildung 6.19: *Arrangements (Geometrien) von Würfeln mit unterschiedlicher Permittivität.*

< 0,002 im Bereich von 1 GHz bis 10 GHz angegeben. Die Genauigkeit der Permittivität ist im Datenblatt mit ±3 % für Permittivitäten < 16 und ±10 % für Permittivitäten > 16 angegeben. Es werden entsprechend Empfangspulse aufgenommen und es findet eine Signalvorverarbeitung nach Kapitel 6.2 statt. Dann werden die Daten den multivariaten Kalibrationsverfahren zugeführt.

6.3.1.2 Bestimmung der Permittivität

Für die Bestimmung der Permittivität werden die drei multivariaten Kalibrationsverfahren PCR, PLSR und ein ANN angewendet[14]. Mit der PCR wird ein $RMSE_k = 1,3$ und ein $RMSE_v = 1,73$ erreicht. Hierbei werden maximal 30 Hauptkomponenten in einer schrittweisen Regression verwendet. Unter der Vorgabe, dass die Anzahl der in der Regression verwendeten Faktoren durch das Verhältnis von $\frac{RMSE_k}{RMSE_v} < 2$ bestimmt wird, kann die Permittivität der Objekte mittels PLSR mit einem $RMSE_k = 1,18$ und einem $RMSE_v = 1,59$ vorhergesagt werden. Mit dem ANN wird ein $RMSE_k = 1,11$ und ein $RMSE_v = 1,68$ erreicht. Die Permittivität wird dabei in einem Bereich von $1,8 - 20$ variiert. Auch hier wird, wie in den vorherigen Kapiteln, zufällig die Hälfte der Datensätze für die Kalibration, die andere Hälfte zur Validation ausgewählt. Die Bestimmung der Permittivität ist unabhängig von der Geometrie und dem Rotationswinkel. Die Abbildungen 6.20, 6.21 und 6.22 zeigen die entsprechenden Qualitätsdiagramme. Mit der PLSR können gegenüber den anderen beiden Verfahren bessere Ergebnisse erzielt werden.

---

[14]Die Vorgaben für die multivariaten Verfahren entsprechen denen aus Kapitel 5.

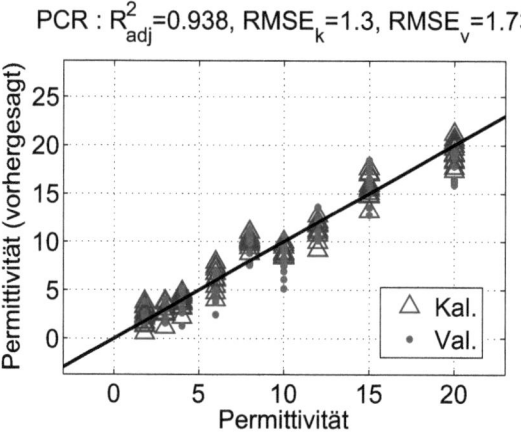

Abbildung 6.20: *Qualität der PCR bei der Bestimmung der Permittivität.*

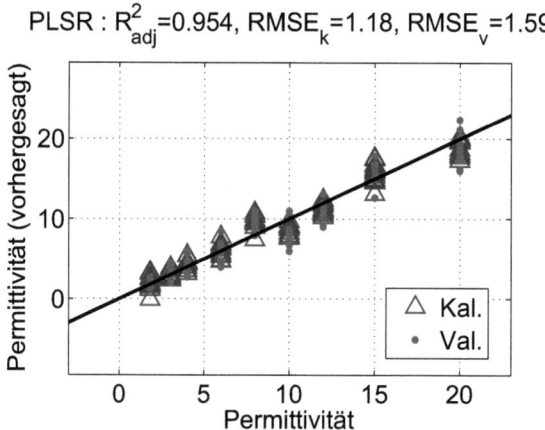

Abbildung 6.21: *Qualität der PLSR bei der Bestimmung der Permittivität.*

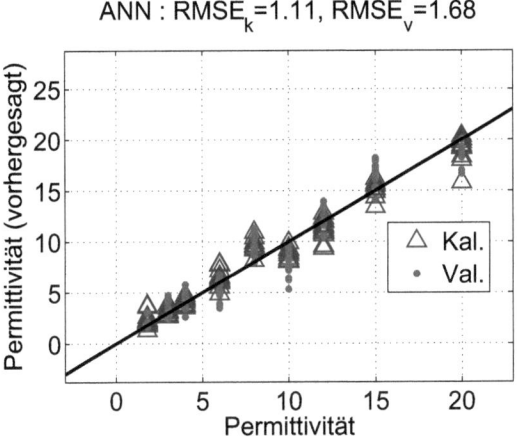

Abbildung 6.22: *Qualität des ANNs bei der Bestimmung der Permittivität.*

Es fällt auf, dass der relative Fehler des statistischen Modells besonders für niedrige Permittivitäten sehr viel größer ist als für hohe. Um akkuratere Ergebnisse zu erzielen, ist es möglich, den Bereich der Variation der Permittivität einzuschränken, bzw. mehrere Modelle für unterschiedliche Bereiche zu entwickeln. Möchte man beispielsweise zwei Modelle entwickeln, eins für die Klasse Permittivität < 7 und eins für die Klasse Permittivität > 7, ist dies mit dem Vorwissen über die Klassen der Kalibrationsobjekte möglich. Allerdings ist dann auch eine Einordnung der Validationsobjekte in die beiden Klassen nötig. Dies kann mittels eines Klassifikationsalgorithmus wie in Kapitel 4.4 beschrieben erfolgen. In Abbildung 6.23 ist die Datenverarbeitung veranschaulicht: Zunächst wird per Zufall in Kalibrations- und Validationsdaten aufgeteilt. Dann erfolgt eine Hauptkomponentenanalyse der Kalibrationsdaten, mit den ermittelten „loadings"[15] werden die Hauptkomponenten der Validation geschätzt. Die ersten 10 Hauptkomponenten von Kalibration und Validation werden dem Klassifizierungsalgorithmus zugeführt, zudem benötigt dieser Vorwissen über die Klassen der Kalibrationsobjekte. Nachdem die Klassen der Validationsobjekte geschätzt sind, werden diese Informationen verwendet, um die in den einzelnen Klassen mittels PLSR entwickelten statistischen Modelle zu validieren.

Dieses Verfahren wird angewendet, um bei der Bestimmung der Permittivität bessere Ergebnisse zu erzielen. Dafür wird in die beiden dielektrischen Klassen Permittivität < 7 und Permittivität > 7 eingeteilt. Die Klassifikation der Objekte gelingt sowohl in der Kalibration als auch in der Validation fehlerlos. Abbildung 6.24 zeigt das Qualitätsdia-

---

[15]Anderer Ausdruck für die Transformationsmatrix L_k, siehe hierzu Gleichung 4.3.

KAPITEL 6. MESSUNGEN

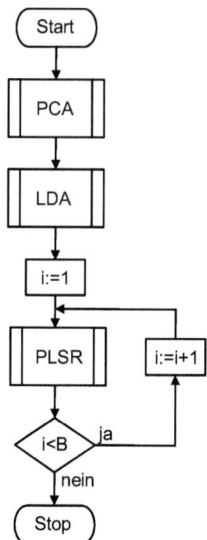

Abbildung 6.23: *Prinzip der Datenverarbeitung mittels Klassifizierung und anschließend angewendeter PLSR in den einzelnen Klassen, B ist gleich der Anzahl der Klassen.*

gramm für die Vorhersage der Permittivität für die Objekte mit niedriger Permittivität, Abbildung 6.25 für die mit hoher Permittivität. Durch dieses Verfahren kann die Qualität der Vorhersage stark verbessert werden. In Tabelle 6.1 sind $RMSE_k$, $RMSE_v$, RER, und die Anzahl der verwendeten Koeffizienten[16] aufgelistet. Die Qualität des statistischen Modells kann besonders für die niedrigen Permittivitäten stark verbessert werden, das RER kann mehr als vervierfacht werden. Auch für die hohen Permittivitäten ist das Modell akkurater geworden.

Tabelle 6.1: *Vergleich zwischen PLSR und Klassifikation in dielektrische Klassen mit anschließend angewendeter PLSR in jeder Klasse.*

Verfahren	Permittivität	$RMSE_k$	$RMSE_v$	RER_v	Koeff.
PLSR	alle	1,18	1,59	11,4	10
	< 7	0,79	0,96	4,4	10
	> 7	1,42	1,94	6,2	10
Klassifikation, PLSR	< 7	0,118	0,231	18,2	9
	> 7	1,05	1,54	7,8	7

---

[16]In Kapitel 4.2 auch als optimaler Iterationsschritt H_{opt} bezeichnet.

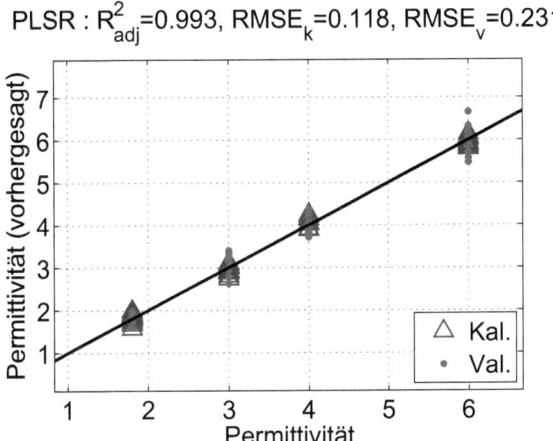

Abbildung 6.24: *Qualität der PLSR für die Bestimmung der Permittivität, vorherige Klassifikation, nur Objekte mit Permittivität* 1,8; 3; 4; 6.

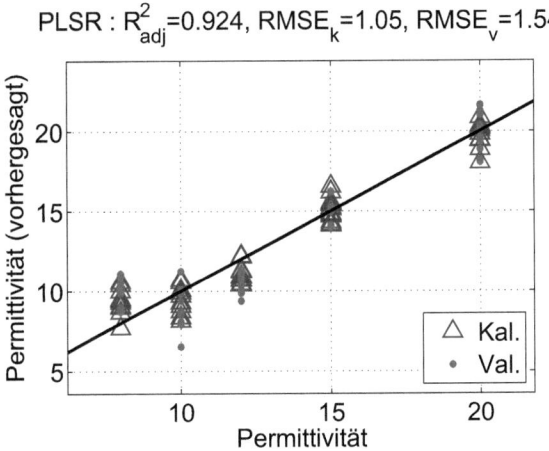

Abbildung 6.25: *Qualität der PLSR für die Bestimmung der Permittivität, vorherige Klassifikation, nur Objekte mit Permittivität* 8; 10; 12; 15; 20.

KAPITEL 6. MESSUNGEN

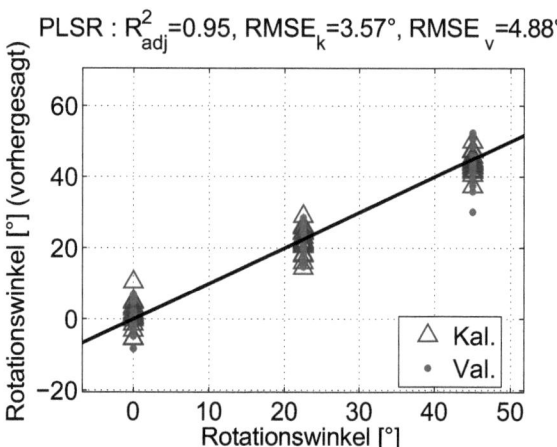

Abbildung 6.26: *Bestimmung des Rotationswinkels.*

6.3.1.3 Bestimmung von Rotationswinkel und Volumen

Neben den im vorherigen Kapitel bestimmten dielektrischen Eigenschaften können auch andere Eigenschaften wie z.b. der Rotationswinkel oder das Volumen der Objekte bestimmt werden. Hierzu werden die 108 Objekte mit rechteckförmiger Grundfläche verwendet, da beim Einbinden aller (inkl. L- und T-förmiger Grundfläche) keine zufriedenstellenden statistischen Modelle gefunden werden konnten. Abbildung 6.26 zeigt das Qualitätsdiagramm für die Bestimmung des Rotationwinkels mittels einer PLSR. Dabei wird ein $RMSE_k = 3{,}57°$ und ein $RMSE_k = 4{,}88°$ erreicht, während der Rotationswinkel im Bereich von $0°$ bis $45°$ variiert wurde. Dies ist unabhängig von den dielektrischen und geometrischen Eigenschaften der Objekte.

Das Volumen ist bestimmt durch die Anzahl der Würfel. Abbildung 6.27 zeigt das Qualitätsdiagramm für die Bestimmung der Anzahl der Würfel der Objekte mittels PLSR. Hierbei wird ein $RMSE_k = 0{,}532$ und ein $RMSE_k = 0{,}854$ erreicht. Dies ist unabhängig von den dielektrischen Eigenschaften und dem Rotationswinkel der Objekte.

6.3.1.4 Geometrische Klassifizierung

Die Klassifizierung in geometrische Klassen lässt sich ebenfalls mit der linearen Diskriminanzanalyse nach Kapitel 4.4 durchführen. Dies ist natürlich von nicht so großem Interesse wie die dielektrische Charakterisierung, da beispielsweise auch optische Verfahren

6.3. MESSREIHEN

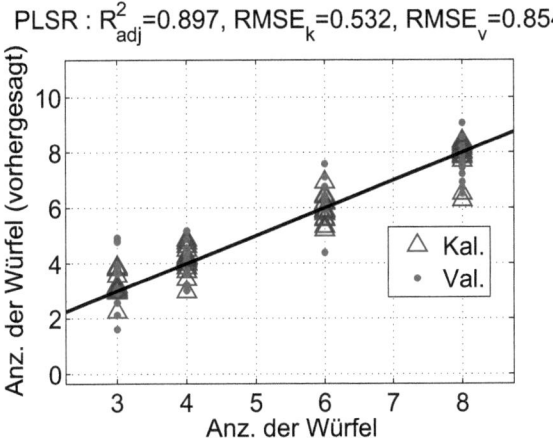

Abbildung 6.27: *Bestimmung der Anzahl der Würfel.*

dazu in der Lage sind[17]. Es wird zunächst eine PCA durchgeführt, die ersten 15 Hauptkomponenten (HKn) werden dann einer linearen Diskriminanzanalyse zugeführt. Die drei geometrischen Klassen werden bezogen auf die Grundfläche als rechteckförmig, L-förmig und T-förmig definiert. Die a priori Wahrscheinlichkeit, dass es sich um ein Objekt mit rechteckförmiger Grundfläche handelt ist doppelt so hoch wie für die anderen beiden Klassen. Abbildung 6.28 zeigt die ersten beiden HKn gegeneinander aufgetragen. Die drei Klassen sind farblich unterschieden. Es ist zu erkennen, dass in dieser zweidimensionalen Darstellung keine geometrisch eindeutige Klassifizierung möglich ist. Mit der LDA, der in diesem Falle 15-dimensionale Daten zu Grunde liegen, lassen sich allerdings die Objekte mit einem Fehler der Kalibration von 1,02 % und einem Fehler der Validation von 1,85 % den Klassen zuordnen.

6.3.2 Objekte aus Silikon und Graphit

Silikon-Graphit-Mischungen (engl.: Carbon-loaded silicone, CLS) werden als Phantom-Materialien für z.B. menschliches Gewebe verwendet [87, 88]. Mit derartigen Materialien können dessen Eigenschaften im Hochfrequenzbereich nachgebildet werden. Der Vorteil dieser Materialien gegenüber biologischen Substanzen ist, dass mit ihnen formstabile und haltbare (unverderbliche) Phantome hergestellt werden können.

---

[17]Bei Szenarien in denen Sichtbehinderungen eine Rolle spielen, beispielsweise durch Rauch oder Dampf, ist möglicherweise ein Mikrowellen-Verfahren im Vorteil.

KAPITEL 6. MESSUNGEN

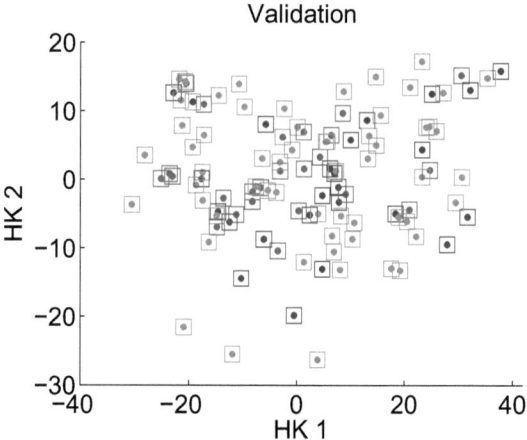

Abbildung 6.28: *Die erste HK der Validationsdaten über der zweiten HK aufgetragen. Die Klassen sind farblich unterschieden. Stimmen Farbe des Quadrats und des sich im Quadrat befindlichen Punktes überein, so ist die Klassifizierung korrekt.*

6.3.2.1 Herstellung und Beschreibung der Objekte

Zunächst werden Gießformen aus Teflon gefertigt. Diese werden dann mit einer Mixtur aus Silikon-Elastomer [89], Silkon-Gel [90] und Graphitpulver befüllt. Um die Aufnahme eines hohen Graphitanteils zu ermöglichen, ist der Einsatz von Silikon-Gel zur Verdünnung notwendig. Zudem werden Graphitpartikel mit einem Durchmesser im Bereich von $0{,}06-0{,}2$ mm verwendet. Das Material wird einem Vakuum ausgesetzt, um Lufteinschlüsse zu verhindern. Die Aushärtung findet in einem Ofen statt. Abbildung 6.29 zeigt drei beispielhafte Objekte. Es werden insgesamt 12 Gießformen mit rechteckförmiger, kreisförmiger und dreieckförmiger Grundfläche und den Voluminа 50, 100, 150 und 200ml gefertigt. Diese werden mit dem Material in den Massenanteilen (Silikon/Graphit): 100/0, 90/10, 80/20 und 70/30 befüllt. Insgesamt werden 48 Objekte hergestellt. Die Parameter dieser sind in Tabelle 6.2 aufgelistet. Wegen Ungenauigkeiten während der Fertigung ist die Höhe der Objekte leicht unterschiedlich. Durch das Fräsen sind die Ecken der Gießformen leicht abgerundet. Es wird versucht, mit einer herkömmlichen Methode[18] das dielektrische Spektrum zu bestimmen. Dies ist jedoch durch Sedimente bzw. Inhomogenitäten und der Kontaktierung der Sonde schwer möglich, so dass für die später angewendeten multivariaten Verfahren als Zielvariable der Graphitgehalt bzw. die Masse verwendet werden.

---

[18]Offene Koaxialsonde

6.3. MESSREIHEN

Abbildung 6.29: *Drei beispielhafte Objekte aus Silikon und Graphit (Quader, Dreiecksäule, Zylinder).*

Tabelle 6.2: *Parameter der Testobjekte aus Silikon und Graphit.*

Geometrische Form	Volumen der Gussform in ml	Graphitgehalt in %	Masse in g
Zylinder	50	0	51,6
Zylinder	100	0	93,8
Zylinder	150	0	154,6
Zylinder	200	0	201,8
Quader	50	0	51,4
Quader	100	0	99,1
Quader	150	0	151,7
Quader	200	0	207,7
Dreiecksäule	50	0	49,1
Dreiecksäule	100	0	102,5
Dreiecksäule	150	0	152,3
Dreiecksäule	200	0	196,7
Zylinder	50	10	52,5
Zylinder	100	10	103,1
Zylinder	150	10	157,5
Zylinder	200	10	206
Quader	50	10	52,9
Quader	100	10	102,4
Quader	150	10	152,4

Tabelle 6.2: *Parameter der Testobjekte aus Silikon und Graphit. (Fortsetzung)*

Geometrische Form	Volumen der Gussform in ml	Graphitgehalt in %	Masse in g
Quader	200	10	200,6
Dreiecksäule	50	10	50,4
Dreiecksäule	100	10	99,8
Dreiecksäule	150	10	153
Dreiecksäule	200	10	206,3
Zylinder	50	20	56,4
Zylinder	100	20	112,6
Zylinder	150	20	168,1
Zylinder	200	20	223,9
Quader	50	20	55,7
Quader	100	20	112,3
Quader	150	20	163,7
Quader	200	20	222,3
Dreiecksäule	50	20	55,9
Dreiecksäule	100	20	110,5
Dreiecksäule	150	20	163,6
Dreiecksäule	200	20	221,7
Zylinder	50	30	58,9
Zylinder	100	30	121,9
Zylinder	150	30	176,5
Zylinder	200	30	233,4
Quader	50	30	57,6
Quader	100	30	118,4
Quader	150	30	170
Quader	200	30	229,1
Dreiecksäule	50	30	59,1
Dreiecksäule	100	30	120,1
Dreiecksäule	150	30	183,3
Dreiecksäule	200	30	231,3

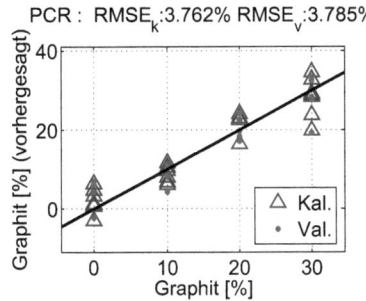 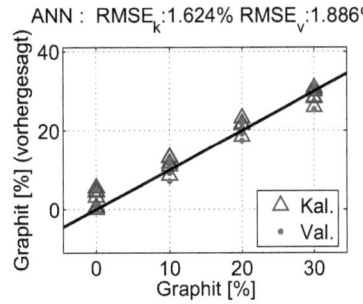

Abbildung 6.30: *Qualität bei der Bestimmung des Graphitgehaltes mittels PCR (linkes Bild) und eines ANNs (rechtes Bild).*

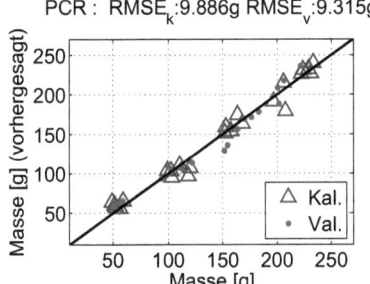 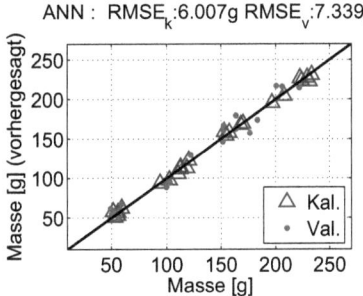

Abbildung 6.31: *Qualität bei der Bestimmung der Masse mittels PCR (linkes Bild) und eines ANNs (rechtes Bild).*

6.3.2.2 Bestimmung des Graphitgehaltes und der Masse

Zur Entwicklung von statistischen Modellen zur Bestimmung des Graphitgehaltes und der Masse werden eine PCR und ein ANN verwendet. Mit der PLSR können keine zufriedenstellenden Ergebnisse erreicht werden. Sowohl für die Bestimmung des Graphitgehaltes als auch für die Bestimmung der Masse werden die ersten sieben HKn verwendet, die sechste wird herausgenommen. Mit der PCR wird ein $RMSE_k = 3{,}762\,\%$ und ein $RMSE_v = 3{,}785\,\%$ bzw. ein $RMSE_k = 9{,}886\,\text{g}$ und ein $RMSE_v = 9{,}315\,\text{g}$ erreicht. Mit einem ANN mit nur drei Neuronen mit sigmoiden Transferfunktionen in der verborgenen Schicht und den ersten acht HKn als Eingangsvariablen wird nach 20 Trainingsepochen ein $RMSE_k = 1{,}624\,\%$ und ein $RMSE_v = 1{,}886\,\%$ bzw. ein $RMSE_k = 6{,}007\,\text{g}$ und ein $RMSE_v = 7{,}339\,\text{g}$ erreicht. Die Abbildungen 6.30 und 6.31 zeigen die dazugehörigen Qualitätsdiagramme.

KAPITEL 6. MESSUNGEN

6.3.3 Objekte aus Wasser-Ethanol-Mischungen

6.3.3.1 Herstellung und Beschreibung der Objekte

Es werden fünf unregelmäßig geformte Behälter aus Polystyrolschaum hergestellt. Abbildung 6.32 zeigt Fotos dieser Behälter. Sie werden mit einem Gemisch aus Wasser und Ethanol in verschiedenen Konzentrationen mit unterschiedlichen Volumina befüllt und vermessen. Es werden folgende Parameter variiert:

- 5 Geometrien
- 4 Mischungsverhältnisse (Wasser/Ethanol) 70/30, 80/20, 90/10, 100/0
- 3 Volumina: 150 ml, 200 ml und 250 ml

Die Mischungsverhältnisse beziehen sich auf die Masse. Diese ist einfach zu messen. Zudem ist das Gesamtvolumen beim Mischen von Wasser und Ethanol nicht gleich der Summe der einzelnen Volumina. Es werden alle möglichen Permutationen vermessen, was auf 60 vermessene Objekte führt.

6.3.3.2 Bestimmung der Zusammensetzung

Für die Bestimmung des Wassergehaltes liefert die PLSR die besten Ergebnisse. In Abbildung 6.33 ist das Qualitätsdiagramm abgebildet. Der Wassergehalt kann mit einem $RMSE_k = 1{,}28\,\%$ und einem $RMSE_v = 2{,}55\,\%$ bestimmt werden, und zwar unabhängig von der Geometrie (Behältnis) und dem Volumen.

6.3.4 Objekte aus feuchtem Tongranulat

6.3.4.1 Herstellung und Beschreibung der Objekte

Zur Realisierung der hier beschriebenen Objekte werden dieselben Behälter wie in Kapitel 6.3.3 verwendet. Diese werden mit feuchtem Tongranulat befüllt, wobei der Feuchtegehalt[19] variiert wird. Die in Tabelle 6.3 aufgelisteten 30 Objekte werden unter den drei Rotationswinkeln 0°, 22,5° und 45° vermessen, so dass insgesamt 90 unterschiedliche Datensätze zur Verfügung stehen. Die Bestimmung der Feuchte erfolgt mit einem thermogravimetrischen Feuchtemessgerät[20].

---

[19]In dieser Arbeit wird ausschließlich die folgende Definition für die Feuchte ψ_W verwendet: $\psi_W = \frac{m_W}{m_W + m_T}$, mit der Masse des Wassers m_W und der Trockenmasse m_T.
[20]Sartorius MA100, Reproduzierbarkeit der Wägefunktion: 0,1% für Proben $> 1\,\text{g}$ und 0,02 % für Proben $> 5\,\text{g}$. Die Proben haben eine Masse im Bereich von $4\,\text{g} - 8\,\text{g}$.

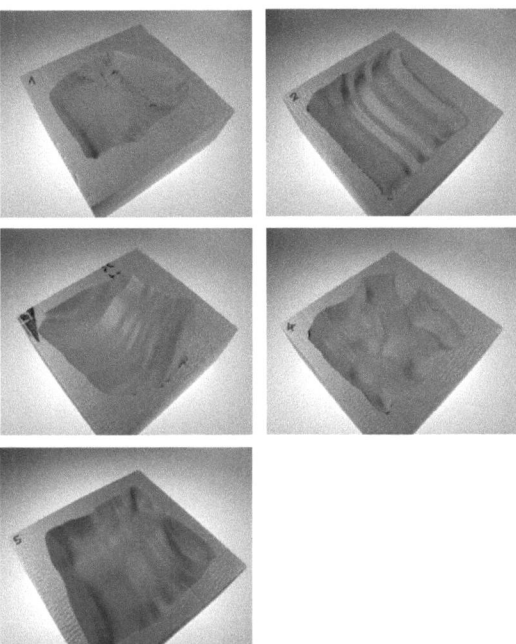

Abbildung 6.32: *Fünf unregelmäßig geformte Behältnisse aus Polystyrolschaum.*

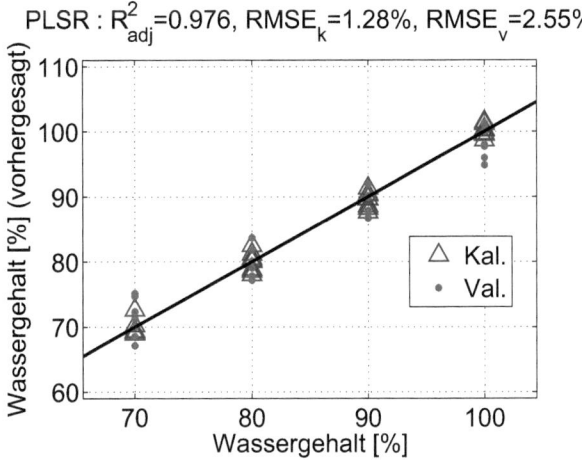

Abbildung 6.33: *Qualität der PLSR bei der Bestimmung des Wassergehaltes.*

KAPITEL 6. MESSUNGEN

Tabelle 6.3: *Parameter der Testobjekte aus feuchtem Tongranulat.*

Behältnis	Feuchte in %	Masse in g
1	5,03	103,91
1	9,52	105,96
1	14,6	105,46
1	19,26	105,17
1	24,95	106,62
1	29,16	104,87
2	5,2	105,96
2	9,47	105,22
2	14,76	105,47
2	19,35	105,8
2	25,18	105,81
2	28,53	105,22
3	5	110,84
3	9,29	104,02
3	14,61	103,13
3	19,63	105,4
3	24,62	104,91
3	28,07	104,97
4	5,2	106,7
4	9,24	105,45
4	14,59	106,47
4	19,1	104,8
4	24,16	105,06
4	29	105,72
5	5,01	105,43
5	9,43	104,96
5	14,06	105,03
5	18,93	105
5	24,64	105,6
5	28,42	104,62

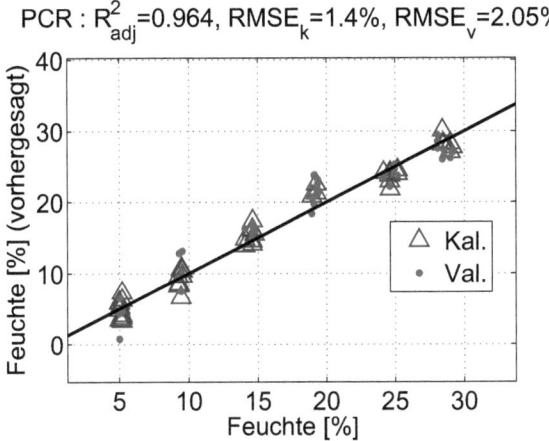

Abbildung 6.34: *Qualität der PCR bei der Bestimmung der Feuchte.*

6.3.4.2 Bestimmung des Feuchtegehaltes

Zur Bestimmung des Feuchtegehaltes werden die drei Verfahren PCR, PLSR und ein ANN verwendet. Die Abbildungen 6.34, 6.35 und 6.36 zeigen die zugehörigen Qualitätsdiagramme. Alle drei Verfahren liefern ähnliche Ergebnisse. Mit der PCR werden ein $RMSE_k = 1{,}4\,\%$ und ein $RMSE_v = 2{,}05\,\%$, mit der PLSR ein $RMSE_k = 1{,}57\,\%$ und ein $RMSE_v = 1{,}92\,\%$ und mit dem ANN ein $RMSE_k = 1{,}29\,\%$ und ein $RMSE_v = 1{,}88\,\%$ erreicht. Die erreichte Genauigkeit ist ähnlich wie in [15], wo ein RER von 12,3 erreicht wird. Hier wird ein RER von 12,9 erreicht. In [15] gab es allerdings Restriktionen hinsichtlich der Geometrie: Die Messungen dort waren auf eine planparallele Platte beschränkt, die groß genug war, um Beugungseffekte zu vermeiden. In dieser Arbeit gibt es weit weniger Restriktionen hinsichtlich der Geometrie, Größe und Orientierung, so dass sehr viel mehr Variation in den Daten präsent ist.

6.4 Zusammenfassung Messungen

In diesem Kapitel wurden zunächst die Entwicklung und der Aufbau verschiedener ultrabreitbandiger dual polarisierter Antennen und Antennengruppen vorgestellt. Es wurde auf die Erzeugung und Abtastung ultra-breitbandiger Signale und auf weitere Komponenten des Messsystems eingegangen. Das hier vorgestellte System ist mittels eines Mikrocontrollers und eines Schrittmotors vollständig automatisiert. Die Signalvorverarbeitung

KAPITEL 6. MESSUNGEN

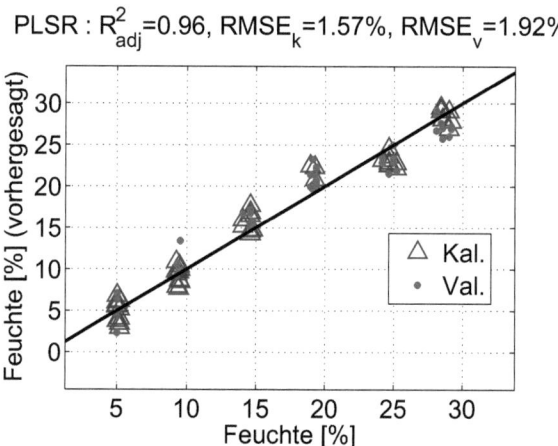

Abbildung 6.35: *Qualität der PLSR bei der Bestimmung der Feuchte.*

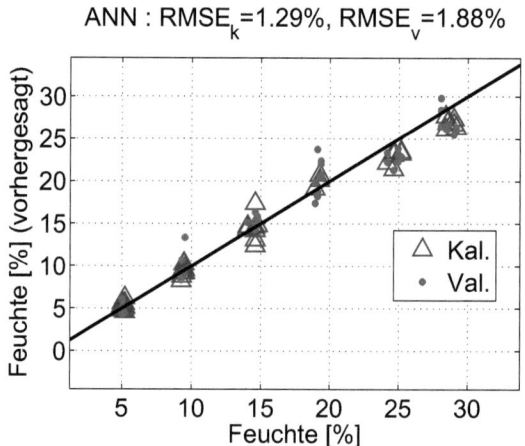

Abbildung 6.36: *Qualität des ANNs bei der Bestimmung der Feuchte.*

6.4. ZUSAMMENFASSUNG MESSUNGEN

beinhaltet sowohl Gating und Fensterung im Zeitbereich als auch eine Filterung und das normieren auf Referenzmessungen.

Es wurden vier Messreihen vorgestellt. Messungen erfolgten für Objekte aus nicht-dispersiven Materialien, bei denen die Permittivität, die Geometrie und der Rotationswinkel variierten. Mit einer PLSR und einer vorher durchgeführten Klassifizierung konnten Modelle für die dielektrischen Eigenschaften mit einem RER_v von bis zu 18,8 für Permittivitäten im Bereich 1,8 bis 6 entwickelt werden. Es ließen sich auch andere Parameter wie Rotationswinkel oder Volumen unabhängig von den jeweils anderen variierten Parametern bestimmen. Es war ebenfalls möglich, die Objekte mittels LDA mit einem Fehler der Validation von 1,85 % in geometrische Klassen zu unterteilen. In der zweiten Messreihe wurden Objekte aus Silikon und Graphit untersucht. Hierbei wurden geometrische Form, Volumen und Graphitgehalt variiert. Mittels eines ANN konnte der Graphitgehalt bei Variation im Bereich von 0 % bis 30 % mit einem $RMSE_v = 1,886\,\%$ bestimmt werden. Dies entspricht einem $RER_v = 15,9$. Das Volumen konnte ebenfalls mittels eines ANNs mit einem $RER_v = 27,25$ bestimmt werden. Die dritte Messreihe untersucht Objekte aus Wasser-Ethanol Mischungen, welche in Behältnisse aus Polystyrol gefüllt sind. Hierbei wurden die Geometrie, das Volumen und das Mischungsverhältnis der beiden Flüssigkeiten variiert. Mittels einer PLSR war es möglich, den Wasseranteil mit einem $RER_v = 11,8$ zu bestimmen. In der vierten Messreihe wurden mit feuchtem Tongranulat befüllte Behältnisse vermessen. Es wurde die Geometrie, der Feuchtegehalt und der Rotationswinkel variiert. Das beste Ergebnis lieferte ein ANN, es konnte der Feuchtigkeitsgehalt mit einem $RER_v = 12,9$ vorhergesagt werden. Die Messungen bestätigen, dass die Bestimmung der dielektrischen Eigenschaften oder der damit korrelierten Eigenschaften mittels des vorgestellten Verfahrens unabhängig von anderen Parametern wie Geometrie, Größe, Volumen und Rotationswinkel möglich ist.

Kapitel 7

Dediziertes Messsystem

Um für das bisher anhand von Simulationen und mit Laborgeräten untersuchte Verfahren die Praxistauglichkeit nachzuweisen, wird im Rahmen dieser Arbeit ein eigenständiges Messsystem entwickelt. Hierbei geht es um das Ersetzen des bisher verwendeten Abtastoszilloskops Tektronix TDS8000 durch ein auf die Messanforderungen zugeschnittenes Zeitbereichs-Transmissionsmessgerät (engl.: Time domain transmission, TDT). Ein solches dediziertes Gerät kommt mit weit weniger Hardware und Software aus als ein universelles Laborgerät und ist dadurch sehr viel kompakter und preisgünstiger. In diesem Kapitel wird auf die Entwicklung eines solchen Gerätes und seine Leistungsfähigkeit innerhalb des Gesamtsystems eingegangen. Zudem wird eine grundlegende Modifizierung für schnellere Messungen vorgestellt. Neben Geschwindigkeitsvorteilen bringt sie eine Vereinfachung des Systems mit sich. Weiter werden Messreihen und deren Auswertung vorgestellt. Es werden außerdem vergleichende Messungen mit einem M-Sequenz-Verfahren und deren Auswertung präsentiert.

7.1 Entwicklung eines Abtastoszilloskops

Die Anforderungen an das zu entwickelnde System sind folgende: Es sollen kurze Sprünge oder Pulse mit Anstiegszeiten im Bereich von weniger als 100 ps mit einer möglichst hohen Amplitude generiert werden. Diese Signale durchlaufen die Messstrecke und können bei Bedarf noch senderseitig mittels eines Leistungsverstärkers oder empfangsseitig mittels eines rauscharmen Vorverstärkers verstärkt werden. Der Empfänger soll eine hohe Bandbreite, niedriges Empfängerrauschen und wenig Jitter aufweisen. Zudem soll das System möglichst kompakt und kostengünstig sein.

KAPITEL 7. DEDIZIERTES MESSSYSTEM

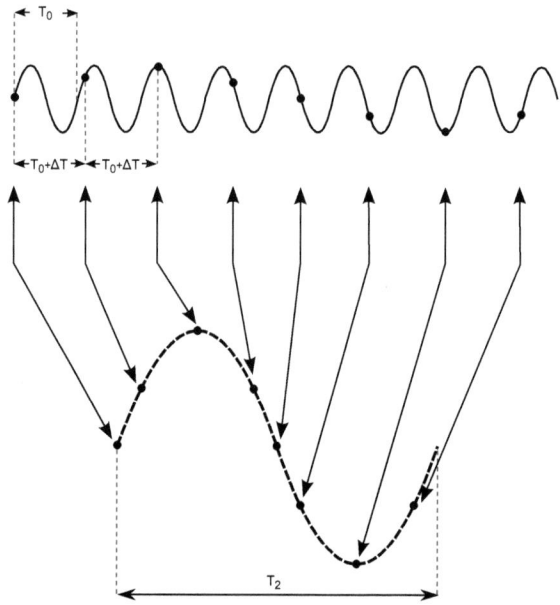

Abbildung 7.1: *Prinzip des sequenziellen zeitäquivalenten Abtastens am Beispiel eines sinusförmigen Signals.*

7.1.1 Prinzip des sequenziellen zeitäquivalenten Abtastens

Das Prinzip des sequenziellen zeitäquivalenten Abtastens beruht auf einer periodischen Wiederholung des Messsignals mit der Periodendauer T_0. Bei jeder Wiederholung des abzutastenden Signals wird zu einem um ΔT verschobenen Zeitpunkt später abgetastet. Die Periodendauer des Abtastzeitpunktes beträgt dann $T_1 = T_0 + \Delta T$. In Abbildung 7.1 ist dieses Prinzip anhand eines sinusförmigen Signales dargestellt. Es lässt sich auch auf beliebige andere periodische Signale übertragen.

Die Periodendauer des abgetasteten Signals beträgt dann $T_2 = (n-1)T_1$, wobei $n = \frac{T_0}{\Delta T}+1$ die Anzahl der Abtastpunkte ist. Dieses Signal kann aufgrund seiner sehr viel niedrigeren Frequenz einfacher digitalisiert werden. Damit lässt sich der Aufwand bezüglich der Analog-Digital-Wandlung und des Datenabtransportes erheblich reduzieren. Der Dynamikbereich bei so genannten Abtastoszilloskopen[1] (engl. sampling oscilloscope) ist oftmals

---
[1]Eigentlich tasten alle digitalen Oszilloskope das zu messende Signal ab. Der Begriff Abtastoszilloskop wird häufig für Geräte verwendet, die das Signal vor dem Abtasten weder verstärken noch dämpfen und/oder nach dem Prinzip des sequenziellen zeitäquivalenten Abtastens arbeiten.

7.1. ENTWICKLUNG EINES ABTASTOSZILLOSKOPS

eingeschränkt, da vor dem Abtastglied nicht verstärkt oder gedämpft wird, um eine hohe Bandbreite zu erreichen [91–93].

Um breitbandige Signale mittels dieser Methode abzutasten sind also zwei unterschiedliche Taktsignale nötig. Ein Signalgenerator wird mit einem Signal der Periodendauer T_0 getaktet, es werden breitbandige Signale periodisch wiederholt ausgesendet. Nach dem Durchlaufen der Messstrecke werden diese abgetastet, wobei das Abtastglied mit $T_1 = T_0 + \Delta T$ getaktet ist. Um dieses Verfahren zu realisieren, gibt es unterschiedliche Möglichkeiten. Es kann ein einzelner Taktgenerator verwendet werden, dessen Ausgangssignal auf zwei Pfade aufgeteilt wird. In einem dieser beiden Pfade wird ein einstellbares Zeitverzögerungsglied in Form von z.B. unterschiedlich langen Umwegleitungen oder als integrierter Baustein eingebaut. Dies hat den Vorteil, dass beliebige und vom Takt unabhängig bestimmte Zeitverzögerungen eingestellt werden können. Nachteil ist die begrenzte maximale Verzögerung und die Auflösung der Zeitschritte. Eine weitere Möglichkeit ist die direkte digitale Synthese (DDS) von zwei Taktsignalen unterschiedlicher Frequenz. Diese werden in einem integrierten Baustein aus einer Grundfrequenz erzeugt und sind daher synchronisiert. In [16] wird ein solches System vorgestellt, das allerdings einen erheblichen Taktjitter von 29 ps (RMS) bei einer Länge der Sendepulse von 400 ps aufweist. Eine weitere Implementierung der Takterzeugung kann mittels integrierter Bauteile erfolgen, die nach dem PLL-Verfahren arbeiten. Mit ihnen ist eine hochgenaue Frequenzeinstellung bei geringem Jitter möglich. Eine solche Implementierung soll im nächsten Kapitel vorgestellt werden. Es sei noch bemerkt, dass beim DDS- und PLL-Verfahren die Analog-Digital-Wandlung im Gegensatz zum ersten Verfahren (mit Verzögerungsgliedern) an den Takt gekoppelt ist.

7.1.2 System-Entwurf und Entwicklung der Komponenten

Um das im vorherigen Kapitel besprochene Prinzip des zeitäquivalenten sequenziellen Abtastens zu implementieren, wird zunächst ein Entwurf auf Systemebene gemacht. Abbildung 7.2 zeigt ein Blockschaltbild des Systems. Die Takterzeugung ist als dessen Herzstück zu betrachten. Es werden zwei Taktsignale mit leicht unterschiedlichen Frequenzen f_1 und f_2 und möglichst wenig Jitter synthetisiert. Eines der Signale löst einen Sprungoder Pulsgenerator aus, das zweite Signal löst das Abtast- und Halteglied des Empfängers aus. Das gehaltene Signal wird analog-digital-gewandelt und in einen Speicher geschrieben. Die Steuerung und das Auslesen erfolgen mit einem Mikrocontroller[2] und einem handelsüblichen Computer.

---

[2]Fujitsu MB96300, siehe Foto in Anhang A.3.

KAPITEL 7. DEDIZIERTES MESSSYSTEM

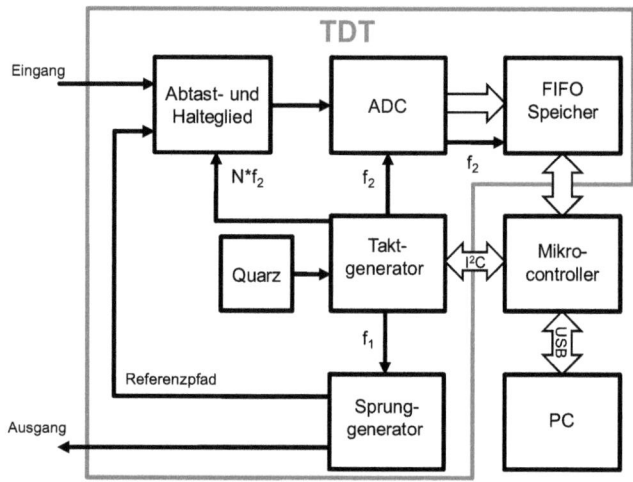

Abbildung 7.2: *Blockschaltbild des Prototyps des Abtastoszilloskops.*

Da die Taktsignale beim Auslösen einer Messung immer eine andere Phase zueinander haben, ist es nicht möglich, eine absolute Zeitbasis für aufeinander folgende Messungen festzulegen. Deshalb wird in einem Referenzpfad ein konstantes Signal übertragen, welches als zeitliche Referenz dient[3]. Dies kann mit zwei kohärent laufenden Empfängern geschehen, oder durch geschickte unsymmetrische Beschaltung von symmetrischen Eingängen.

Die Takterzeugung erfolgt mit einem integrierten Baustein, der nach dem PLL-Verfahren arbeitet. Als Referenz wird ein Quarz-Oszillator eingesetzt. Es können vier unterschiedliche Taktsignale mit Frequenzen im Bereich von 0,16 − 710 MHz mit einer Schrittweite von 1 ppm[4] erzeugt werden. Es kann außerdem die Phase der Ausgangssignale eingestellt werden. Es wird ein Taktjitter von typischerweise 0,7 ps (RMS) angegeben. Als Abtast- und Halteglied kommt ein integrierter Baustein mit einer Eingangsbandbreite von 13 GHz zum Einsatz[5]. Er kann mit bis zu 2 GHz getaktet werden und hat eine Haltezeit von 50 ns. Als Sprunggenerator wird ein schneller Modulator-Treiber mit Anstiegszeiten von $<$ 30 ps[6] bei einer Amplitude bis zu 3 V (unsymmetrisch, engl. single-ended) verwendet. Als Analog-Digital-Wandler (engl. Analog-to-Digital Converter, ADC) kommt ein 12 bit-Wandler zum

---

[3]Es wird in Erwägung gezogen, ein schnelles D-Flip-Flop einzusetzen, welches die Differenzfrequenz ausgibt. Mit Hilfe dieses Signals kann dann auf den Phasenbezug der Taktsignale geschlossen werden. Die schaltungstechnische Realisierung ist allerdings sehr viel aufwendiger.
[4]Parts per million. Bei einer Referenzfrequenz von 25 MHz entspricht 1 ppm gleich 25 Hz.
[5]Das Abtast- und Halteglied wird hier mit Nf_2, $N \in \{1,2,...\}$ getaktet. In bestimmten Bereichen ist eine höhere Taktfrequenz für das Rauschverhalten des Bauteils von Vorteil.
[6]Herstellerangabe, an der SMA Buchse werden Anstiegszeiten um 80 ps gemessen.

7.1. ENTWICKLUNG EINES ABTASTOSZILLOSKOPS

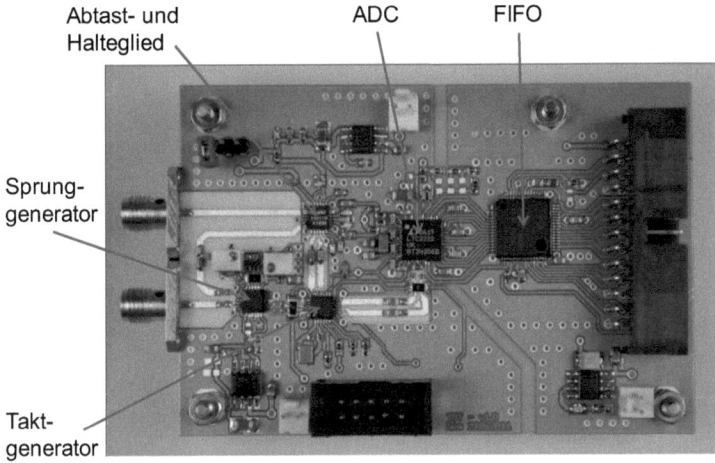

Abbildung 7.3: *Prototyp des HF-Teils des Abtastoszilloskopes (TDT), Abmessungen der Platine:* 90 mm × 60 mm.

Einsatz, der Speicher (engl. first in first out memory, FIFO) hat eine Breite von 18 bit und eine Speichertiefe von 32 k.

Abbildung 7.3 zeigt den Prototyp des Hochfrequenzteils, in Abbildung 7.4 sind zwei beispielhafte Signale, zum Vergleich mit einem Tektronix TDS8000 und dem hier vorgestellten System (TDT) abgetastet, dargestellt. Hier wird die Frequenz des Taktes für den Sprunggenerator zu $f_1 = 50{,}01$ MHz und die für Abtastvorgang zu $f_2 = 50$ MHz gewählt, was auf eine Auflösung von $\Delta T = 4$ ps führt. Es ist zu erkennen, dass das mit dem TDS8000 gewonnene Signal etwas mehr Jitter enthält, was durch eine externe Triggerung zu erklären ist. Die Rauschamplitude des TDT ist mit $v_{n,RMS,TDT} = 0{,}88$ mV gering. Zum Vergleich: Die Rauschamplitude des TDS8000 liegt bei $v_{n,RMS,TDS} = 0{,}65$ mV.

7.1.3 Gesamtsystem und seine Leistungsfähigkeit

Das in Kapitel 6.1 vorgestellte Messsystem wird modifiziert, so dass das vorher eingesetzte kommerzielle Abtastoszilloskop durch das im vorherigen Kapitel vorgestellte System ersetzt wird (siehe auch die Abbildungen 7.2, 7.3 und A.5). Ein Blockschaltbild des Gesamtsystems ist in Abbildung 7.5 dargestellt. Die Pulsformung und die Verstärkung auf der Senderseite sind modifiziert. Die Differenzierglieder werden vollständig weggelassen, da sich Reflexionen der nicht abgestrahlten Frequenzanteile nicht negativ auf das Messsystem auswirken. Die Ausgangsamplitude des Sprungsignals ist mit $1-3$ V deutlich höher

KAPITEL 7. DEDIZIERTES MESSSYSTEM

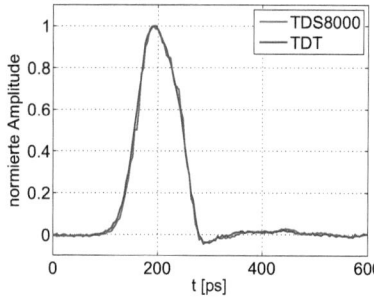
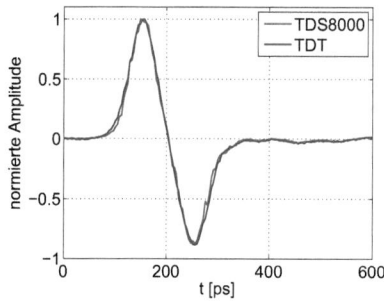

Abbildung 7.4: *Vergleich zwischen Tektronix TDS8000 und dem hier vorgestellten Prototyp (TDT) beim Empfang eines Pulses und eines Monozyklus. Die Frequenzen werden in diesem Fall zu $f_1 = 50{,}01$ MHz und $f_2 = 50$ MHz gewählt. Daraus ergibt sich eine zeitliche Auflösung von $\Delta t = 4$ ps.*

als die des TDS8000 mit 0,25 V. Daher wird nur noch ein Treiberverstärker verwendet. Auf der Empfängerseite wird zusätzlich ein rauscharmer Vorverstärker eingesetzt. Damit lassen sich Amplituden am Eingang des Sytems von 400 mV (gemessen von Spitze zu Spitze) erzielen, in Kapitel 6.1 waren es 40 mV. Beim Jitter wird für das TDS8000 ein Effektivwert von $t_{j,RMS,TDS} = 1$ ps angegeben. Um ein Maß für den Jitter des TDT inklusive des gesamten Messsystems zu erhalten werden nacheinander 1000 Messungen durchgeführt. Abbildung 7.6 zeigt die Sprungantworten des Gesamtsystems und die zeitliche Abweichung vom Mittelwert an der ersten steigenden Flanke. Die Standardabweichung beträgt $t_{j,RMS,TDT} = 0{,}71$ ps. Dabei wird die Frequenz des Taktes für den Sprunggenerator zu $f_1 = 25{,}01$ MHz und die für den Abtastvorgang zu $f_2 = 25$ MHz gewählt. Daraus ergibt sich eine zeitliche Auflösung von $\Delta T = 16$ ps. Für die Berechnung des Jitters wird interpoliert.

7.1.4 Ausgewählte Messreihe

An dieser Stelle sollen eine mit dem dedizierten Messsystem durchgeführte Messreihe und deren Auswertung vorgestellt werden. Hierzu wird eine zeitliche Auflösung von $\Delta T = 16$ ps gewählt. Zudem wird jede Messung zehnmal wiederholt, um durch Mittelwertbildung Rauschen und Jitter zu vermindern.

Hier soll die Feuchte von Objekten aus feuchtem Tongranulat bestimmt werden. Es wird eine Messreihe wie in Kapitel 6.3.4 durchgeführt. Die Objektparameter sind nur leicht unterschiedlich. Die in Tabelle 7.1 aufgelisteten 30 Objekte werden unter den drei Rotati-

7.1. ENTWICKLUNG EINES ABTASTOSZILLOSKOPS

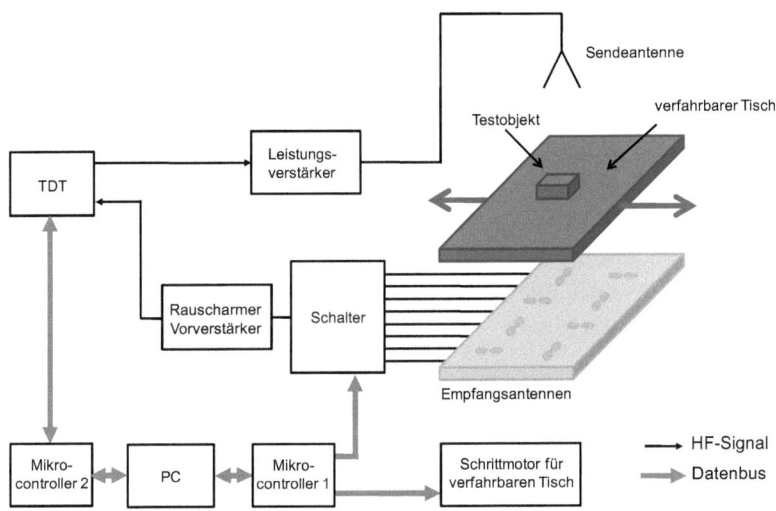

Abbildung 7.5: *Blockschaltbild des Gesamtsystems.*

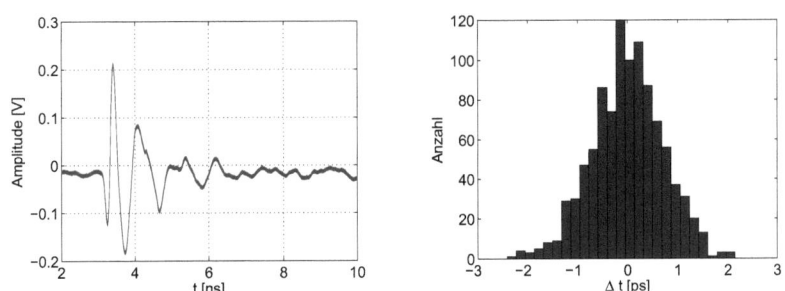

Abbildung 7.6: *1000 Sprungantworten des Systems, Histogramm der zeitlichen Abweichungen vom Mittelwert bei* 50 mV *an der ersten steigenden Flanke.*

KAPITEL 7. DEDIZIERTES MESSSYSTEM

onswinkeln 0°, 45° und 90° vermessen, so dass insgesamt 90 unterschiedliche Datensätze zur Verfügung stehen. Ein Datensatz wird als Ausreißer identifiziert und eliminiert, so dass noch 89 weiterverwendet werden. Die Bestimmung der Feuchte erfolgt mit einem thermogravimetrischen Feuchtemessgerät[7].

Zur Bestimmung des Feuchtegehaltes werden die drei Verfahren PCR, PLSR und ein ANN verwendet. Die Abbildungen 7.7, 7.8 und 7.9 zeigen die zugehörigen Qualitätsdiagramme. Alle drei Verfahren liefern ähnliche Ergebnisse. Mit der PCR wird eine $RMSE_k = 0{,}731\,\%$ und ein $RMSE_v = 0{,}794\,\%$, mit der PLSR ein $RMSE_k = 0{,}353\,\%$ und ein $RMSE_v = 0{,}693\,\%$ und mit dem ANN ein $RMSE_k = 0{,}521\,\%$ und ein $RMSE_v = 0{,}621\,\%$ erreicht. Die Leistungsfähigkeit des dedizierten Messsystems ermöglicht bessere Ergebnisse als die in Kapitel 6.3.4 gezeigten. Dort wird ein RER_v von etwa 14 erreicht, ähnlich wie in [15]. Hier wird ein RER_v von 28 erreicht. Dies ist vor allen Dingen auf die bessere Signalqualität zurückzuführen.

Tabelle 7.1: *Parameter der Testobjekte aus feuchtem Tongranulat für die Messung mit dem TDT.*

Behältnis	Feuchte in %	Masse in g
1	4,6	105,54
1	9,18	104,62
1	13,09	106,48
1	16,94	106,44
1	20,09	104,56
1	23,32	104,9
2	4,73	103,75
2	9,36	105,42
2	13,03	105,37
2	16,99	104,68
2	19,66	105,8
2	23,03	105,68
3	4,88	104,37
3	9,33	106,55
3	12,91	104,85
3	16,58	105,1
3	19,73	105,51
3	24,11	105,57
4	4,97	106,36

---

[7]Sartorius MA100

7.1. ENTWICKLUNG EINES ABTASTOSZILLOSKOPS

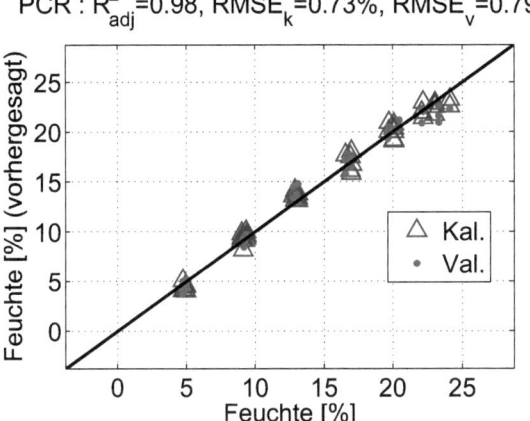

Abbildung 7.7: *Qualität der PCR bei der Bestimmung der Feuchte mit dem TDT.*

Tabelle 7.1: *Parameter der Testobjekte aus feuchtem Tongranulat für die Messung mit dem TDT. (Fortsetzung)*

Behältnis	Feuchte in %	Masse in g
4	9,14	104,66
4	13,11	106,3
4	16,75	105,86
4	20,47	107,12
4	22,19	105,18
5	4,98	104,64
5	9,03	105,68
5	12,79	105,25
5	17,05	105,26
5	20,09	107,01
5	22,09	106

KAPITEL 7. DEDIZIERTES MESSSYSTEM

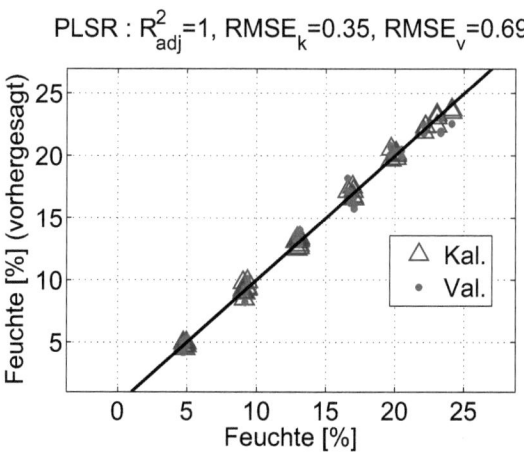

Abbildung 7.8: *Qualität der PLSR bei der Bestimmung der Feuchte mit dem TDT.*

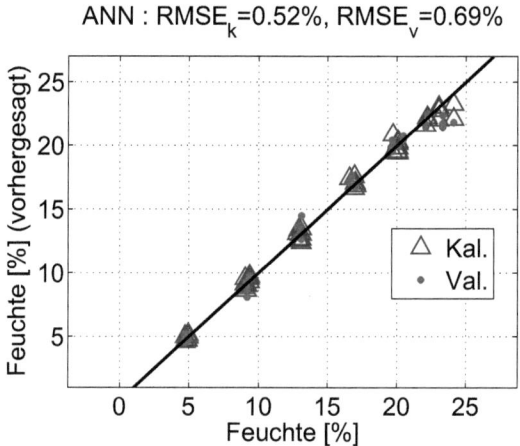

Abbildung 7.9: *Qualität des ANNs bei der Bestimmung der Feuchte mit dem TDT.*

7.1.5 Vereinfachtes System mit Wilkinson-Teiler

Bei den bisher vorgestellten Messsystemen wurden die Signale der Empfangsantennen nacheinander mittels eines Hochfrequenzschalters (siehe Abbildung 6.11) auf den Empfänger geschaltet und einzeln abgetastet. Der Einsatz eines solchen Schalters erfordert entsprechend aufwändige Hard- und Software, zudem muss mit den anderen Komponenten im Messsystem synchronisiert werden. Kommerzielle MOSFET-Schalter haben eine Latenzzeit von einigen Nanosekunden[8]. In dem hier vorgestellten vereinfachten System wird der Hochfrequenzschalter durch einen 8-fach Wilkinson-Teiler[9] und acht Verzögerungsleitungen ersetzt. Wie Abbildung 7.10 zeigt, werden die einzelnen Empfangspulse mit dem Teiler kombiniert, wobei sie durch die unterschiedlich langen Verzögerungsleitungen zeitlich getrennt werden. Es können die Signale von acht Antennen in etwa 20 ns aufgenommen werden, was mit den o.g. Schaltern unmöglich wäre[10]. Allerdings hat der Teiler den Nachteil, dass jedes von einer Antenne kommende Signal idealerweise um 9 dB gedämpft wird. In der Praxis ergibt sich eine Einfügedämpfung von 9,3 dB bei 1 GHz und 10,7 dB bei 5 GHz (siehe Abbildung 7.11)[11], zudem treten zusätzliche Verluste in den Verzögerungsleitungen auf. Diese weisen ebenfalls eine Temperaturabhängigkeit bezüglich des Phasenganges auf, welche insbesondere bei starken Temperaturschwankungen berücksichtigt werden muss[12].

Auch mit diesem vereinfachten Messsystem werden Messreihen wie in den vorherigen Kapiteln mit feuchtem Tongranulat durchgeführt. Hierzu müssen niedrigere Frequenzen f_1 und f_2 als in den vorherigen Unterkapiteln gewählt werden, da die Sprungantwort des Gesamtsystems durch die Aneinanderreihung der Empfangssignale nun deutlich länger ist als zuvor. Es werden ähnliche Ergebnisse bezüglich der Genauigkeit erreicht, so dass sich dieses vereinfachte System als sehr geeignet herausstellt.

---

[8]Für den HMC321 werden 150 ns und für den HMC547 werden 6 ns angegeben. Natürlich gibt es auch die Möglichkeit, schneller zu schalten, z.B. mit diskreten PIN-Dioden, was allerdings einen hohen schaltungstechnischen Aufwand bedeutet. Es bietet sich auch die Möglichkeit, ein System mit mehreren Empfangskanälen aufzubauen, was ebenfalls sehr aufwändig ist.

[9]Der von Wilkinson in [94] vorgestellte N-fach Teiler kommt ohne Kaskadierung aus, eignet sich jedoch nur schlecht für einen planaren Aufbau.

[10]Dies gilt, wenn das Signal in Echtzeit abgetastet wird. Nichtsdestotrotz wird durch den Einsatz des Teilers die Messprozedur erheblich beschleunigt.

[11]Der Schalter hat eine Einfügedämpfung von 4 dB bei 2 GHz und 8,6 dB bei 8 GHz.

[12]Das oftmals in Leitungen als Dielektrikum verwendete Teflon spielt hier eine besondere Rolle. Bei einer Temperatur um 19°C ist dessen Längen- pro Temperaturänderung sehr hoch. Dieses Verhalten ist unter dem Begriff „Teflon-Knee" bekannt [95].

KAPITEL 7. DEDIZIERTES MESSSYSTEM

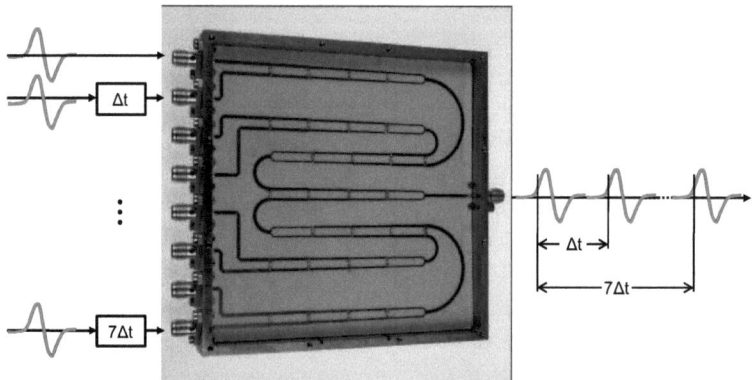

Abbildung 7.10: *Breitbandiger 8-fach-Wilkinson-Teiler.*

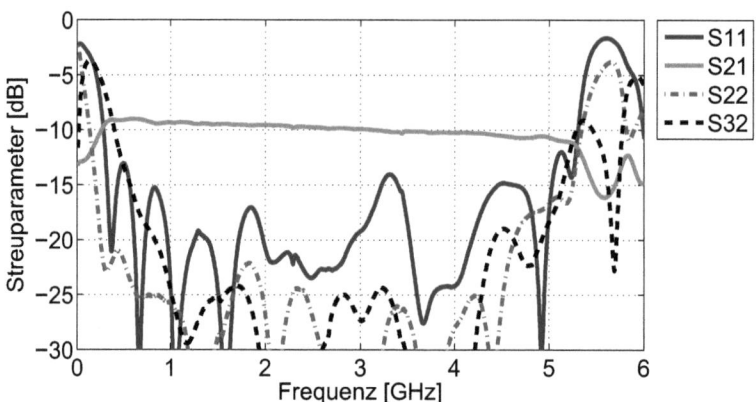

Abbildung 7.11: *Streuparameter des Wilkinson-Teilers.*

7.1. ENTWICKLUNG EINES ABTASTOSZILLOSKOPS

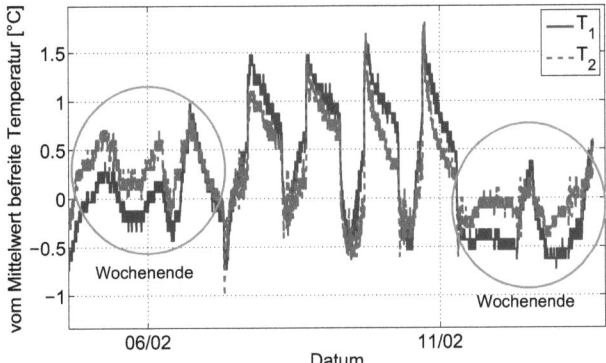

Abbildung 7.12: *Vom Mittelwert befreite Temperatur; über mehrere Tage mit zwei Messfühlern aufgenommen. An den Wochenenden und nachts ist die Klimaanlage abgeschaltet. Morgens sinkt die Temperatur auf ein Minimum und steigt dann über den Tag näherungsweise linear an.*

7.1.6 Korrelation mit Umgebungsgrößen

In allen in dieser Arbeit vorgestellten Messungen wird darauf geachtet, die Messobjekte in zufälliger Reihenfolge zu vermessen, um eine Korrelation mit Umgebungsgrößen wie z.B der Temperatur oder Luftfeuchtigkeit zu vermeiden. Es kann eine schwache Abhängigkeit zwischen den Empfangssignalen und der Temperatur beobachtet werden. Ein typischer Temperaturverlauf im Labor ist in Abbildung 7.12 dargestellt. Die Temperatur beeinflusst sowohl das Messobjekt als auch das Messsystem. Um die Temperaturabhängigkeit des Messsystems auszugleichen, können beispielsweise Kalibrationskurven bei verschiedenen Temperaturen aufgenommen werden, später kann dann der Einfluss der aktuellen Temperatur eliminiert werden. Auch die dielektrischen Eigenschaften der Messobjekte verändern sich mit der Temperatur. Die angewendeten multivariaten Verfahren bieten die Möglichkeit, die Temperatur als zusätzliche Variable mit einzubinden. Damit können sowohl der Temperaturgang des Messsystems als auch die Temperaturabhängigkeit der Testobjekte berücksichtigt und die Genauigkeit der Verfahren verbessert werden. Da die Temperaturschwankungen während der Messungen im Labor gering sind, führt dies hier zu keiner Verbesserung. Wird allerdings in Umgebungen mit starken Temperaturschwankungen gemessen, so ist die Aufnahme der Temperatur und die Einbindung in die statistischen Verfahren möglicherweise von Vorteil.

7.2 Vergleich mit einem M-Sequenz-System

Es existieren mehrere Verfahren, um Messungen in einem breiten Frequenzbereich durchzuführen. Eine klassische Methode beruht auf der Anregung mittels eines monofrequenten Signales, welches in der Frequenz durchgestimmt wird. Im eingeschwungenen Zustand wird dann bei jeder Frequenz separat gemessen. Dieses Verfahren ist sehr genau, da schmalbandige Zwischenfrequenzfilter eingesetzt werden können, aber auch sehr aufwendig, teuer und langsam. Die in den vorherigen Kapiteln 6, 7.1 und 7.3 verwendete Methode basiert auf der Aussendung kurzer Impulse oder Sprünge und dem Empfang von Impuls- oder Sprungantwort. Der Hardware-Aufwand ist wesentlich geringer und die Messdauer sehr kurz, allerdings müssen relativ hohe Amplituden bei hoher Bandbreite erzeugt werden um ein ausreichendes Signal-Rausch-Verhältnis zu erreichen. Das M-Sequenz Verfahren ähnelt dem vorher verwendeten Verfahren im Zeitbereich sehr stark. Die Energie des Sendesignals muss allerdings nicht in einem Puls konzentriert werden, sondern wird in einer Sequenz zeitlich verteilt, so dass sehr viel geringere Amplituden auftreten. Dieses Verfahren wurde bereits in zahlreichen Applikationen verwendet [96–102]. Das in dieser Arbeit verwendete System wird von Dr. J. Sachs (Tech. Univ. Ilmenau) freundlicherweise zur Verfügung gestellt.

7.2.1 Systemaspekte

Das M-Sequenz Verfahren beruht auf der Aussendung einer binären Folge mit maximaler Länge, die die kürzest mögliche Autokorrelationsfunktion hat, welche einem Impuls entspricht. Die Kreuzkorrelationsfunktion von Sende- und Empfangssignal entspricht dann näherungsweise der Impulsantwort des Systems [96]. Das hier verwendete System arbeitet mit einer Taktfrequenz von 18 GHz. Die Länge der M-Sequenz beträgt 511. Die Sendeleistung beträgt $-9{,}4\,\text{dBm}$, die maximale Empfangsleistung beträgt $-6\,\text{dBm}$, Linearität ist bis zu einer Eingangsleistung von $-20\,\text{dBm}$ gewährleistet. Die $-10\,\text{dB}$ Bandbreite beträgt 7,8 GHz. Um den Datenstrom zu reduzieren wird eine Unterabtastung vorgenommen. Hierfür wird das Taktsignal mittels eines Teilers auf $\frac{1}{512}$-tel des Taktsignals geteilt, dies entspricht einer realen Abtastfrequenz von 35 MHz. Zudem wird eine Mittelwertbildung über 256×32 vorgenommen. Die zeitliche Auflösung beträgt 55 ps. Das System besitzt einen Sender und zwei Empfänger, die kohärent laufen. Das Sendesignal wird auf einen Referenzpfad und die Messstrecke aufgeteilt. Das Messsystem entspricht dem im vorherigen Kapitel 7.1, nur dass das TDT durch das M-Sequenz-System ersetzt wird. Das Gesamtsystem weist einen Jitter von etwa 30 fs, das Signal-Rausch-Verhältnis liegt im Bereich von 100 dB.

7.2.2 Ausgewählte Messreihe

Auch hier soll die Feuchte von Objekten aus feuchtem Tongranulat wie schon in den vorherigen Kapiteln bestimmt werden, um einen Vergleich der Ergebnisse zu ermöglichen. Es wird eine Messreihe wie in Kapitel 6.3.4 und 7.1.4 durchgeführt. Die Objektparameter sind nur leicht unterschiedlich. Die in Tabelle 7.2 aufgelisteten 30 Objekte werden unter den drei Rotationswinkeln 0°, 45° und 90° vermessen, so dass insgesamt 90 unterschiedlicher Datensätze zur Verfügung stehen. Auch hier wird jede Messung zehnmal wiederholt und dann gemittelt.

Zur Bestimmung des Feuchtegehaltes werden die drei Verfahren PCR, PLSR und ein ANN verwendet. Die Abbildungen 7.13, 7.14 und 7.15 zeigen die zugehörigen Qualitätsdiagramme. Mit der PCR wird eine $RMSE_k = 0{,}71\,\%$ und ein $RMSE_v = 0{,}923\,\%$, mit der PLSR ein $RMSE_k = 0{,}269\,\%$ und ein $RMSE_v = 0{,}513\,\%$ und mit dem ANN ein $RMSE_k = 0{,}317\,\%$ und ein $RMSE_v = 0{,}586\,\%$ erreicht. Die Leistungsfähigkeit des M-Sequenz-Systems ermöglicht bessere Ergebnisse als die in Kapitel 6.3.4 und 7.1.4 gezeigten. Dort wird ein RER_v von etwa 13 bzw. 28 erreicht. Hier wird ein RER_v von 37 erreicht. Dies ist auf den geringen Jitter und das hohe SNR des M-Sequenz-Systems zurückzuführen. Allerdings ist dieses System auch deutlich komplexer und teurer als das in Kapitel 7.1 vorgestellte System. Zudem ist auch hier ein Referenzkanal notwendig, da keine Phaseninformationen über die Taktsignale vorliegen. Diesen Nachteil kann das im nächsten Kapitel 7.3 vorgestellte System überwinden, zudem bietet es noch weitere Vorteile.

Tabelle 7.2: *Parameter der Testobjekte aus feuchtem Tongranulat für die Messung mit dem M-Sequenz-System.*

Behältnis	Feuchte in %	Masse in g
1	4,41	105,76
1	8,83	106,04
1	12,79	105,25
1	16,7	105,96
1	20,12	105,59
1	22,86	105,57
2	4,77	106,82
2	8,91	105,53
2	12,7	106,47
2	16,72	105,63
2	19,48	106,24
2	23,38	106,45

KAPITEL 7. DEDIZIERTES MESSSYSTEM

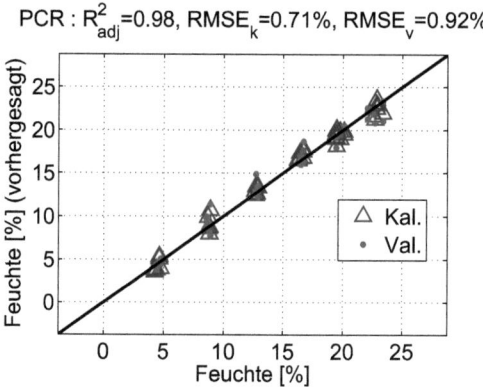

Abbildung 7.13: *Qualität der PCR bei der Bestimmung der Feuchte mit dem M-Sequenz-System.*

Tabelle 7.2: *Parameter der Testobjekte aus feuchtem Tongranulat für die Messung mit dem M-Sequenz-System. (Fortsetzung)*

Behältnis	Feuchte in %	Masse in g
3	4,44	105,71
3	8,73	106,02
3	12,85	105,41
3	16,41	105,2
3	19,78	105,28
3	22,09	106,4
4	4,27	105,56
4	8,76	105,55
4	12,62	106,78
4	16,27	105,26
4	19,42	106,33
4	22,62	105,33
5	4,64	105,21
5	8,59	105,49
5	12,89	105,9
5	16,5	105,53
5	19,45	106,09
5	22,71	105,75

7.2. VERGLEICH MIT EINEM M-SEQUENZ-SYSTEM

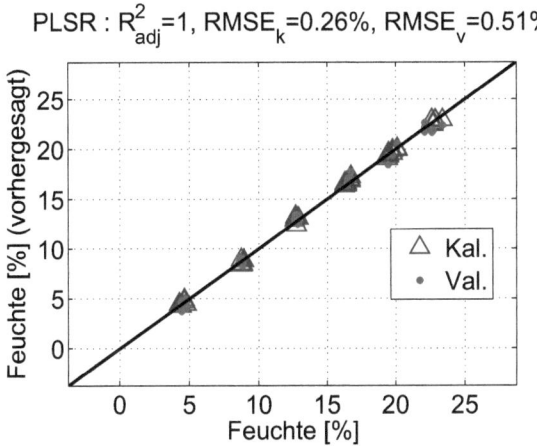

Abbildung 7.14: *Qualität der PLSR bei der Bestimmung der Feuchte mit dem M-Sequenz-System.*

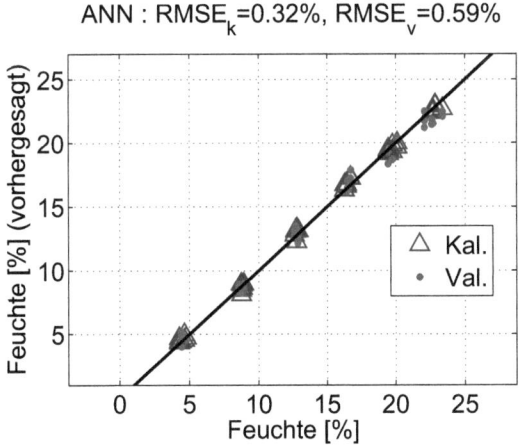

Abbildung 7.15: *Qualität des ANNs bei der Bestimmung der Feuchte mit dem M-Sequenz-System.*

7.3 FPGA-basiertes Abtastoszilloskop

Das in Kapitel 7.1 vorgestellte System liefert sehr gute Ergebnisse und kann in seiner Leistungsfähigkeit bezüglich Rauschen und Jitter sehr gut mit kommerziellen Laborgeräten konkurrieren. Dennoch hat es den Nachteil, dass ein Referenzkanal benötigt wird, da keinerlei Informationen über den Phasenbezug der beiden Taktsignale vorliegen. Zudem ist ein externer Zwischenspeicher (FIFO) nötig, da mit einem herkömmlichen Mikrocontroller das parallele Einlesen eines 12 bit breiten Wortes bei einer Taktfrequenz im zweistelligen MHz-Bereich nicht möglich ist. Dies schränkt die Geschwindigkeit des Systems ein, insbesondere da nicht auf dem Mikrocontroller selbst eine Mittelwertbildung der Empfangssignale zur Verbesserung des Signal- zu Rauschverhältnis durchgeführt werden kann. Deshalb wird ein verbessertes System mit Hilfe einer im Anwendungsfeld programmierbaren Logik-Gatter-Anordnung (engl.: field programmable gate array, FPGA)[13] entwickelt.

In einem FPGA können die dort zur Verfügung stehenden Logik-Gatter so konfiguriert werden, dass beliebige Hardware-Strukturen entstehen. Es können einfache Funktionen, wie z.b. ein Zähler, bis hin zu komplexen Gebilden wie ganzen Mikrocontrollern implementiert werden. Während in Mikroprozessoren eine sequenzielle Abarbeitung eines Programms (Software) auf einer nicht veränderbaren Hardware erfolgt, werden auf FPGAs beliebige digitale Schaltungsfunktionen abgebildet. Dies bietet den Vorteil, dass Informationen parallel verarbeitet werden können. FPGAs eignen sich daher sehr gut, wenn es um die schnelle Verarbeitung großer Datenmengen geht.

7.3.1 Systemaspekte

Das Blockschaltbild des hier vorgestellten Systems mit FPGA ist in Abbildung 7.16, ein Foto ist in Abbildung 7.17 gezeigt. Das System ist aus einzelnen Baugruppen modular aufgebaut. Es ähnelt dem System aus Kapitel 7.1, die Takterzeugung, der Sprunggenerator und das Abtast- und Halteglied sind gleich. Jedoch wird hier ein 16 bit-ADC[14] verwendet, dessen Datensignale synchron in den FPGA mit einer Taktrate von bis zu etwa 66 MHz[15] eingelesen werden können.

Dem FPGA werden zunächst beide Taktsignale (mit den Frequenzen f_1 und f_2) präsentiert. Mit Hilfe eines auf dem FPGA realisierten Phasenkomparators lässt sich die Phase der Taktsignale bestimmen. Der Komparator wird mit Hilfe eines D-Flip-Flops realisiert.

---
[13]Es wird ein Spartan 6 der Firma Xilinx eingesetzt.
[14]Der Dynamikbereich eines 12 bit Wandlers würde hier ausreichen, zum Zeitpunkt der Entwicklung stand allerdings ein 16 bit Wandler zur Verfügung.
[15]Mit dem verwendeten Flachbandkabel funktioniert dies allerdings nur bis etwa 40 MHz fehlerlos.

7.3. FPGA-BASIERTES ABTASTOSZILLOSKOP

Wird eines der Taktsignale auf den Takteingang und das andere auf den Dateneingang des Flip-Flops gelegt, so erscheint am Datenausgang ein Signal mit der Differenzfrequenz, dessen Flanken die Phaseninformation beinhalten. Damit kann ein einheitlicher Triggerzeitpunkt festgelegt werden, der durch einen Verzögerungszähler verschoben werden kann. Es ist außerdem möglich die Taktflanken pro Periode des Differenzfrequenz-Signales zu zählen, so dass dem FPGA keinerlei weitere Information über die Taktsignale vorliegen muss. Hauptelement der Logik im FPGA ist der Speicher- und Rechenkern mit Addierwerk. Nach Auslösen durch den Phasenkomparator werden einzelne Sequenzen aufgenommen, aufaddiert und schließlich durch die Anzahl der Sequenzen dividiert, so dass eine Mittelwertbildung realisiert wird. Es sind nur Divisionen mit Zweierpotenzen möglich, so dass eine Division per Schiebeoperation[16] durchgeführt werden kann. Die Mittelwertbildung kann aus bis zu $2^{13} = 8192$ Sequenzen durchgeführt werden. Die Anzahl der Abtastpunkte pro Sequenz ist maximal $2^{12} = 4096$. Diese Zahlen sind durch die Leistungsfähigkeit des verwendeten FPGAs beschränkt. Für die Kommunikation mittels serieller Schnittstelle wird ein FIFO auf dem FPGA realisiert, um die unterschiedlichen Taktraten anzupassen. Für eine schnellere Verbindung können USB oder Ethernet verwendet werden. Außerdem besitzt das System eine VGA-Schnittstelle, so dass die Signale direkt und in Echtzeit auf einem Bildschirm ohne Verwendung eines Computers angezeigt werden können. Es sind auch diverse Funktionen zur Skalierung mittels Tastern implementiert. Blockdiagramme zur internen Konfiguration des FPGAs finden sich in Anhang A.4.

In Kombination mit dem vereinfachten System mit Wilkinson-Teiler (siehe Kapitel 7.1.5) ist das System für dynamische Messungen, das heißt z.B. mit einem sich kontinuierlich bewegenden Förderband, in Echtzeit geeignet. Die Messdauer ist durch die Frequenzen f_1 und f_2 bestimmt. Wählt man $f_1 = 10{,}004\,\text{MHz}$ und $f_2 = 10\,\text{MHz}$, wie es für die Messungen im folgenden Kapitel 7.3.2 der Fall ist[17], so dauert es $t_a = 0{,}25\,\text{ms}$ für die Aufnahme eines Empfangssignals. Für die Mittelwertbildung von beispielsweise 10 Empfangssignalen vergehen dann 2,5 ms.

Prinzipiell ist dieses FPGA-basierte Abtastoszilloskop auch für die Verwendung von M-Sequenzen geeignet (siehe Kapitel 7.2). Hierzu muss lediglich der Sprunggenerator durch einen M-Sequenz Generator ersetzt und ein Tiefpassfilter zur Unterdrückung von Aliasing-Effekten eingebaut werden. Ein solcher M-Sequenz Generator kann mittels eines linear rückgekoppelten Schieberegisters (engl. Linear Feedback Shift Register, LFSR) realisiert werden. Um hohe Bitraten zu erreichen ist allerdings monolithische Integration erforderlich [96]. Eine weitere Möglichkeit ist die Erzeugung von parallelen Bitfolgen auf einem FPGA, die nach Parallel-Seriell-Wandlung M-Sequenzen ergeben. Derartige Bitfolgen kön-

---
[16]Die Komplexität ist wesentlich geringer als bei der Verwendung beliebiger Divisoren.
[17]Hier sind aufgrund des langen Beobachtungsintervalls relativ niedrige Frequenzen (10MHz) gewählt.

KAPITEL 7. DEDIZIERTES MESSSYSTEM

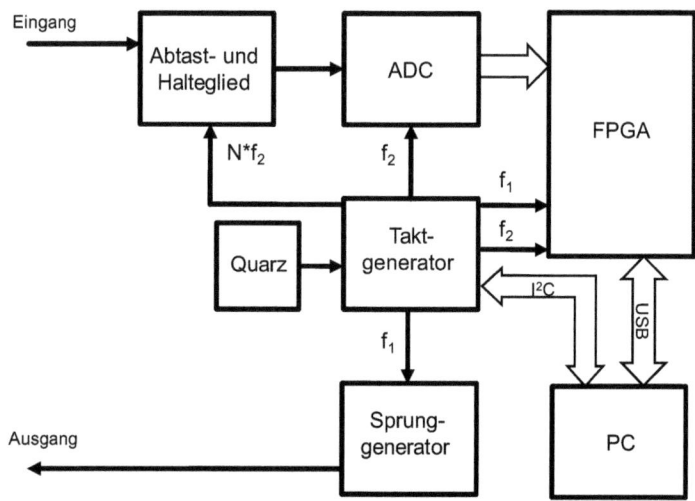

Abbildung 7.16: *Blockschaltbild des Abtastoszilloskops mit FPGA.*

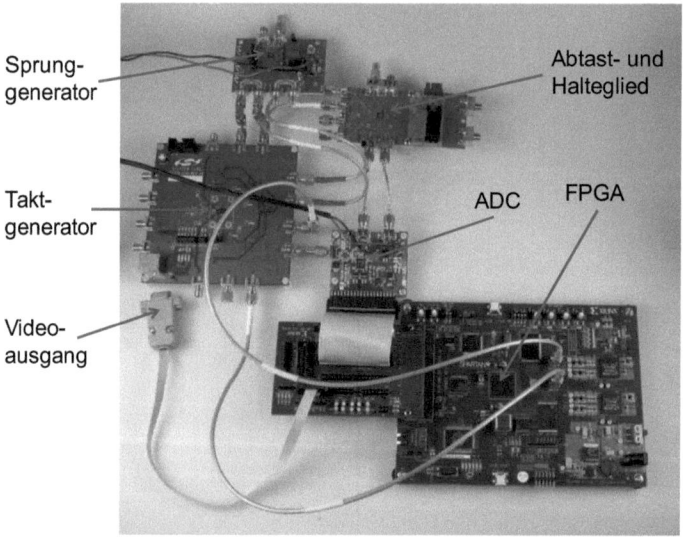

Abbildung 7.17: *Prototyp des Abtastoszilloskops mit FPGA, modularer Aufbau.*

7.3. FPGA-BASIERTES ABTASTOSZILLOSKOP

nen durch Abwandlung des entsprechenden LFSRs generiert werden [103, 104], oder auch im Speicher des FPGAs hinterlegt sein. Mit dem hier verwendeten FPGA (Spartan 6) und einem externen Parallel-Seriell-Wandler kann z.b. eine M-Sequenz mit einer Bitrate von 2,5 Gbps erzeugt werden (siehe Anhang A.5). Schnellere FPGAs können höhere Bitraten erzielen und besitzen oft integrierte und schnelle (> 10 Gbps) Parallel-Seriell-Wandler. Die nutzbare Bandbreite kann auch durch Frequenzumsetzung erhöht werden, erfordert dann allerdings Quadratur-Demodulation.

7.3.2 Ausgewählte Messreihe

Auch mit diesem Messsystem werden Messreihen wie in den vorherigen Kapiteln mit feuchtem Tongranulat durchgeführt. Es werden (wie aufgrund des ähnlichen Frontends zu erwarten ist) ähnliche Ergebnisse bezüglich der Genauigkeit erreicht. An dieser Stelle soll eine Messreihe mit einer weiteren Klasse von Objekten vorgestellt werden. Es handelt sich um dabei Plastikflaschen, die mit Ethanol-Wasser Mischungen befüllt werden. Das Verhältnis zwischen der Menge an Wasser und der Menge an Ethanol wird variiert, so dass ein Wassergehalt im Bereich von 2 % bis 20 % (Massenanteil) zustande kommt. Außerdem werden unterschiedliche Füllstände realisiert. Abbildung 7.18 zeigt eines der vermessenen Testobjekte (Probe # 11). Die Eigenschaften der 20 vermessenen Testobjekte sind in Tabelle 7.3 aufgeführt. Die Referenzmessungen werden mit einer Präzisionswaage durchgeführt[18]. Nach dem Vermessen der 20 Testobjekte werden die Zeitbereichsdaten den Analyseverfahren PCR, PLSR und einem ANN zugeführt, um statistische Modelle für den Wassergehalt zu entwickeln. In der schrittweise Hauptkomponentenregression werden lediglich die ersten beiden HKn verwendet, was die relativ moderaten Ergebnisse mit einem $RMSE_k = 2{,}12\,\%$ und einem $RMSE_v = 2{,}73\,\%$ erklärt (siehe Abbildung 7.19). Die PLSR und das ANN liefern weit bessere Ergebnisse, wie in den Abbildungen 7.20 und 7.21 zu sehen ist. In der Kalibration werden hier Werte von $RMSE_k = 0{,}68\,\%$ bzw. $RMSE_k = 0{,}75\,\%$, in der Validation von $RMSE_v = 1{,}05\,\%$ bzw. $RMSE_v = 0{,}97\,\%$ erreicht. Im besten Fall wird ein $RER_v = 18{,}6$ erreicht.

---

[18]Es wird eine Kern EW 4200-2NM verwendet. Die Reproduzierbarkeit ist mit 0,01 g angegeben.

KAPITEL 7. DEDIZIERTES MESSSYSTEM

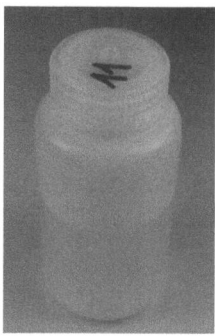

Abbildung 7.18: *Eine der vermessenen Flaschen gefüllt mit einer Mischung aus Ethanol und Wasser.*

Tabelle 7.3: *Parameter der mit Ethanol und Wasser gefüllten Flaschen.*

# Testobjekt	Ethanol in g	Wasser in g	Wassergehalt in %
1	151,6	37,55	19,85
2	153,64	34,41	18,3
3	157,59	30,46	16,2
4	161,17	27,39	14,53
5	165,65	23,6	12,47
6	167,12	18,96	10,19
7	172,58	15,95	8,46
8	176,3	12,56	6,65
9	179,52	8,94	4,74
10	184,98	4,6	2,43
11	113,15	27,94	19,8
12	114,53	25,16	18,01
13	118,25	21,57	15,43
14	121,14	19,54	13,89
15	124,06	18,15	12,76
16	125,81	14,77	10,5
17	130,37	11,28	7,96
18	131,45	8,94	6,37
19	136,47	5,66	3,98
20	135,53	3,04	2,19

7.3. FPGA-BASIERTES ABTASTOSZILLOSKOP

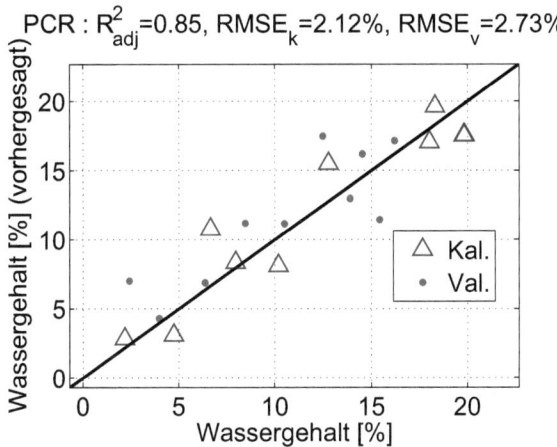

Abbildung 7.19: *Qualität der PCR bei der Bestimmung des Wassergehaltes mit dem FPGA-basierten System.*

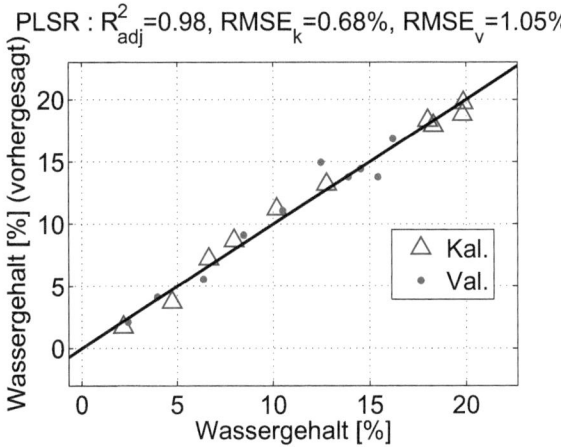

Abbildung 7.20: *Qualität der PLSR bei der Bestimmung des Wassergehaltes mit dem FPGA-basierten System.*

KAPITEL 7. DEDIZIERTES MESSSYSTEM

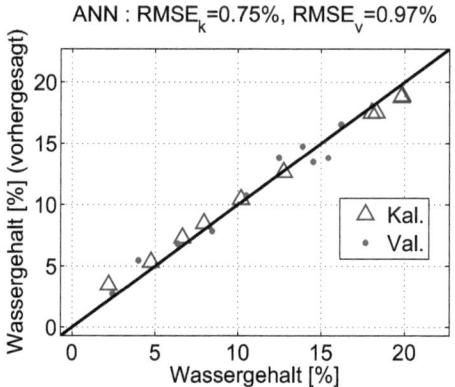

Abbildung 7.21: *Qualität des ANNs bei der Bestimmung des Wassergehaltes mit dem FPGA-basierten System.*

7.4 Zusammenfassung dediziertes Messsystem

In diesem Kapitel wurden die Entwicklung und der Aufbau eines sequenziellen zeitäquivalenten Abtastoszilloskops vorgestellt. Es wurden ein System mit Mikrocontroller und eines mit FPGA vorgestellt. Es wurde auf verschiedene Eigenschaften, vor allem auf die Leistungsfähigkeit, der zwei unterschiedlichen Systeme eingegangen. Zudem wurden ausgewählte Messreihen, die mit diesen speziell entwickelten Systemen durchgeführt wurden, vorgestellt. Durch das sehr gute Signal-Rausch-Verhältnis und den geringen Jitter konnten hervorragende Ergebnisse erzielt werden. Weiter wurden die Anwendung eines M-Sequenz-Systems und eine mit diesem Gerät aufgenommene ausgewählte Messreihe vorgestellt. In Tabelle 7.4 ist die Leistungsfähigkeit der unterschiedlichen Messanordnungen und auch das maximal erreichte RER_v bei der Bestimmung des Feuchtegehaltes von Tongranulat miteinander verglichen.

Tabelle 7.4: *Vergleich der Leistungsfähigkeit der Messsysteme bei der Bestimmung des Feuchtegehaltes von Tongranulat, der Jitter des Tektronix TDS8000 ist aus dessen Datenblatt entnommen. Bei dem TDS und TDT ist die Mittelwertbildung nicht berücksichtigt.*

System	Max. Empfangs-amplitude	Rauschen Empf. (RMS)	SNR	Jitter (RMS)	Bestes RER_v
TDS8000	40 mV	0,65 mV	35 dB	1 ps	12,9
TDT	400 mV	0,88 mV	53 dB	0,7 ps	28,3
M-Sequenz	20 V²s	0,17 mV²s	100 dB	30 fs	37,2

Kapitel 8

Zusammenfassung

Die schnelle und objektive Bewertung von Materialeigenschaften im laufenden Prozess ist in vielen Bereichen von Industrie und Wissenschaft von großem Interesse. Bisherige Verfahren im Mikrowellenbereich sind meist kontaktierend oder erfordern eine aufwendige Präparation der zu vermessenden Probe und ziehen eine Zerstörung dieser nach sich. Sie sind deshalb für eine Prozessüberwachung weniger gut geeignet.

In dieser Arbeit wurde ein Freiraum-Verfahren zur Charakterisierung unregelmäßig geformter dielektrischer Objekte entwickelt und untersucht. Dabei handelt es sich um Objekte, deren Ausdehnung sich im Bereich der Länge der in den UWB-Pulsen enthaltenen Wellenlängen bewegt und die weit kleiner als der Querschnitt des durch die Antennen hervorgerufenen elektromagnetischen Feldes sind. Da die physikalische Modellierung einer Messprozedur für dieses Problem zu aufwendig erscheint, wurde ein statistischer Ansatz gewählt. Mit Hilfe multivariater Kalibrationsverfahren wurden statistische Modelle für die Materialeigenschaften unabhängig von anderen Parametern wie Geometrie und Orientierung entwickelt.

In der vorliegenden Arbeit wurden einige elektrotechnische Grundlagen besprochen und geeignete statistische Verfahren vorgestellt. Die Verfahren Hauptkomponentenanalyse und -regression, Partial-Least-Squares-Regression, künstliche neuronale Netze und lineare Diskriminanzanalyse sind aus anderen Bereichen wie der Nahinfrarotspektroskopie oder der Bildverarbeitung bekannt und etabliert, wurden allerdings auch schon erfolgreich im Mikrowellenbereich eingesetzt. Sie wurden zunächst auf Zeitbereichsdaten aus Feldsimulationen angewendet. Die Genauigkeit der Verfahren in Abhängigkeit der Qualität der Empfangssignale wurde für dispersive und nicht-dispersive unregelmäßig geformte Objekte untersucht. Mittels dieser Verfahren war es möglich, die dielektrischen von den geometrischen Einflüssen auf das elektromagnetische Feld zu trennen und statistische Modelle für

KAPITEL 8. ZUSAMMENFASSUNG

die Vorhersage dielektrischer oder zugehöriger Eigenschaften zu entwickeln. Die Genauigkeit dieser Modelle hängt sehr stark von der Qualität der Empfangssignale ab, so dass in der Praxis ein hohes SNR und geringer Jitter des Messsystems nötig sind.

Um dieses Verfahren in der Praxis unter Laborbedingungen zu evaluieren, wurde ein Messsystem aufgebaut. Es wurde zunächst ein Antennensystem bestehend aus einer Sendeantenne und mehreren, dual polarisierten, Empfangsantennen entwickelt. Ultra-breitbandige Messungen im Zeitbereich wurden mit einem kommerziellen Laborgerät durchgeführt. Es wurden mehrere Messreihen verschiedener Objektklassen durchgeführt und deren Auswertung und Ergebnisse präsentiert.

Schließlich wurde ein dediziertes Messsystem entwickelt, um eine Evaluierung des Verfahrens unter realitätsnahen Umständen zu ermöglichen. Es wurden zwei Varianten eines sequenziellen zeitäquivalenten Abtastoszilloskops präsentiert, ein System mit Mikrocontroller und eines mit FPGA. Es wurden mit diesen Systemen und zusätzlich mit einem M-Sequenz-System mehrere Messreihen durchgeführt. Die erreichten Genauigkeiten sind im Vergleich mit den Ergebnissen aus anderen Publikationen, in denen ebenfalls multivariate Kalibrationsverfahren verwendet wurden, außerordentlich gut (Siehe Tabelle 8.1). Dies ist besonders bemerkenswert, da im Gegensatz zu den Untersuchungen in [14] und [15] die Geometrie der Objekte ebenfalls stark variiert wurde. In [9] wurde ein kontaktierendes Verfahren verwendet. In [105] wurde ein Verfahren mit Admittanzmessung im MHz-Bereich eingesetzt, in [106–108] wurde Nahinfrarotspektroskopie benutzt. Eine weitere Einordnung mittels des $RERs$ kann nach [48] erfolgen. In Tabelle 8.2 erfolgt eine Klassifizierung des $RERs$, wobei in sechs verschiedene Stufen der Leistungsfähigkeit und dazu entsprechenden Anwendungsmöglichkeiten unterteilt wird. Diese aus dem Bereich der Nahinfrarotspektroskopie stammende Einordnung fand bereits im Bereich der Mikrowellensensorik in [33, 65, 66] Verwendung.

Die Leistungsfähigkeit des in dieser Arbeit vorgestellten Verfahrens ist auf Grundlage der Messergebnisse und des RER (der Validation) mit bis zu „sehr gut" zu bewerten; prinzipiell ist es für Anwendungen bis hin zur Prozessüberwachung geeignet. Für einige Simulationsreihen wurde sogar das Prädikat „ausgezeichnet" erreicht, wobei die Signalqualität und damit in der Praxis das Amplituden- und Phasenrauschen des Messsystems maßgeblich sind. Zudem sind die Referenzmessungen fehlerbehaftet, was sowohl für die Kalibration als auch für die Validation der statistischen Modelle eine Rolle spielt. Die gewünschte Genauigkeit, die damit verbundene Komplexität des Systems und der Kalibrationsaufwand hängen allerdings von der konkreten Anwendung ab.

Neben der in dieser Arbeit untersuchten Messanordnung für Transmission, bei der Sende- und Empfangsantennen diametral angeordnet sind, ist auch die Analyse von reflektierten

Tabelle 8.1: *Vergleich des hier vorgestellten Verfahrens mit anderen Publikationen hinsichtlich der Genauigkeit bei der Bestimmung der Feuchte verschiedener Materialien. Bis auf das hier vorgestellte sind alle anderen Verfahren kontaktierend und/oder erfordern eine spezielle Geometrie des Messobjektes.*

Publikation	Variationsbreite [%]	$RMSE_c$ [%]	$RMSE_v$ [%]	RER_c	RER_v
[9]: Tabak, PLSR	10-50	-	2	-	20
[14]: Kiefernholz, PLSR	0-15	0,46	0,74	32,6	20,3
[14]: Kiefernholz, PLSR	0-175	15,92	12,52	11	14
[15]: Tongranulat, ANN	6,3-34,2	1,6	2,1	17,4	13,3
Diese Arbeit (Tongranulat):					
TDS8000	5-29,16	1,29	1,88	18,7	12,9
TDT	4,6-24,11	0,52	0,69	37,5	28,3
M-Sequenz	4,41-23,38	0,26	0,51	73	37,2
Andere Technologien:					
[105]: Weizen, Admitt., PCR	9-20	-	0,39	-	28,2
[106]: Lachs, NIR, PLSR	61-70,8	-	0,98	-	10
[107]: Papier, NIR, PLSR	0-2,4	-	0,056	-	43,1
[108]: Theophyllin, NIR, ANN	1-22	0,45	0,83	46,7	25,3

Signalen denkbar. Deshalb wurden ein entsprechender Messaufbau konstruiert (siehe Anhang A.9) und Messreihen durchgeführt. Es konnten ähnliche Genauigkeiten hinsichtlich der Bestimmung der Feuchte wie mit Transmissions-Verfahren erreicht werden. Je nach Anwendung eignet sich möglicherweise eine der Anordnungen besser. Durch Kombination wird eine weitere Verbesserung der Genauigkeit erwartet.

In [109–121] wurden bereits Ergebnisse dieser Arbeit veröffentlicht.

Tabelle 8.2: *Unterscheidung in verschiedene Kategorien bezüglich der Leistungsfähigkeit und mögliche Anwendungen bzw. Einsatzgebiete anhand des RERs.*

RER	Kategorie	Anwendung
bis 6	sehr schlecht	nicht empfohlen
7-12	schlecht	grobes Screening
13-20	mittelmäßig	Screening
21-30	gut	Qualitätsüberwachung
31-40	sehr gut	Prozessüberwachung
41+	ausgezeichnet	beliebig

Literaturverzeichnis

[1] L. F. Chen, C. K. Ong, C. P. Neo, V. V. Varadan, and V. K. Varadan: *Microwave Electronics: Measurement and Materials Characterization.* John Wiley and Sons, Chichester, 2004.

[2] J. Krupka: *Frequency domain complex permittivity measurements at microwave frequencies.* Meas. Sci. Technol., 17(6):55–70, 2006.

[3] M. N. Afsar, J. R. Birch, and R. N. Clarke: *The Measurement of the Properties of Materials.* Proc. IEEE, 74(1):183–199, 1986.

[4] A. P. Gregory and R. N. Clarke: *A Review of RF and Microwave Techniques for Dielectric Measurements on Polar Liquids.* IEEE Trans. Dielectr. Electr. Insul., 13(4):727–743, 2006.

[5] V. V. Varadan, K. A. Jose, and V. K. Varadan: *In situ Microwave Characterization of Nonplanar Dielectric Objects.* IEEE Trans. Microw. Theory Tech., 48(3):388–394, 2000.

[6] H. Martens and T. Naes: *Multivariate Calibration.* John Wiley and Sons, Chichester, 1989.

[7] D. J. Nicholson, D. B. Kell, and C. L. Davey: *Deconvolution of the dielectric spectra of microbial cell suspensions using multivariate calibration and artificial neural networks.* Bioelectrochemistry and Bioenergetics, 39:185–193, 1996.

[8] M. Kent and D. Anderson: *Dielectric studies of added water in poultry meat and scallops.* Journal of food engineering, 28(3-4):239–259, 1996.

[9] A. D. Dane, G. J. Rea, A. D. Walmsley, and S. J. Haswell: *The determination of moisture in tobacco by guided microwave spectroscopy and multivariate calibration.* Analytica Chimica Acta, 429(2):185–194, 2001.

[10] F. Daschner, M. Kent, and R. Knöchel: *Determination of the Composition of Foodstuffs using Microwave Dielectric Spectra and Artificial Neural Networks.* In *Proc. 4th Workshop on Electromagnetic Wave Interaction with Water and Moist Substances,* pages 217–223, Weimar, Germany, 2001.

[11] F. Daschner: *Multivariate Messdatenverarbeitung für die dielektrische Spektroskopie mit Mikrowellen zur Bestimmung der Zusammensetzung von Lebensmitteln.* Dissertation, Christian-Albrechts-Universität zu Kiel, 2002.

LITERATURVERZEICHNIS

[12] O. Schimmer: *Ein Ultra-Breitband Messverfahren zur Bestimmung ausgewählter Materialeigenschaften von Naturstoffen*. Dissertation, Christian-Albrechts-Universität zu Kiel, 2006.

[13] M. Kent, R. Knöchel, et al.: *SEQUID, A New Method for the Objective Measurement of the Quality of Seafoods*. Final Report, Funded by the European Commission under QLRT-2000-01643, University of Kiel, Germany, 2004.

[14] J. Johansson, O. Hagmana, and J. Oja: *Predicting moisture content and density of Scots pine by microwave scanning of sawn timber*. Computers and Electronics in Agriculture, 41(1-3):85–90, 2003.

[15] O. Schimmer, A. Gülck, F. Daschner, J. Piotrowski, and R. Knöchel: *Non-contacting Determination of Moisture Content in Bulk Materials using Sub-Nanosecond UWB-Pulses*. IEEE Trans. Microw. Theory Tech., 53(6):2107–2113, 2005.

[16] A. Gülck: *Fremdkörperdetektion mit Ultrabreitband-Pulsen*. Dissertation, Christian-Albrechts-Universität zu Kiel, 2007.

[17] A. v. Hippel (editor): *Dielectric Materials and Applications*. Artech House, Boston, 1954.

[18] G. Mie: *Beiträge zur Optik trüber Medien, speziell kolloidaler Metallösungen*. Annalen der Physik, 330(3):377 – 445, 1908.

[19] J. R. Wait: *Scattering of a plane wave from a circular dielectric cylinder at oblique incidence*. Can. J. Phys., 33:189 – 195, 1955.

[20] M. Kent: *A simple flowthrough cell for microwave dielectric measurements*. J. Phys. E: Sci. Instrum., 22(4):269–271, 1989.

[21] CST AG. CST Microwave Studio Vers. 2010. [Online]. Available: http://www.cst.com/, 2010.

[22] B. Gestblom and E. Noreland: *Transmission Methods in Dielectric Time Domain Spectroscopy*. J. Phys. Chem., 81(8):782–788, 1977.

[23] The MathWorks Inc. Matlab version R2007b. [Online]. Available: http://www.mathworks.com, 2007.

[24] A. P. Gregory and R. N. Clarke: *NPL REPORT MAT 23: Tables of the Complex Permittivity of Dielectric Reference Liquids at Frequencies up to 5 GHz*. Technical report, National Physical Laboratory, United Kingdom, 2009.

[25] *Revision of Part 15 of the Commissions Rules Regarding Ultra-Wideband Transmission Systems, Notice of Inquiry, ET Docket 98-153, FCC 98-208*. Technical report, Federal Communications Commission (FCC), 1998.

[26] *Revision of Part 15 of the Commissions Rules Regarding Ultra-Wideband Transmission Systems, First Report and Order, ET Docket 98-153, FCC 02-48*. Technical report, Federal Communications Commission (FCC), 2002.

LITERATURVERZEICHNIS

[27] *Pressemitteilung: Frequenzen für Ultra-Wideband-Technologie bereitgestellt*, http://www.bundesnetzagentur.de. Technischer Bericht, Bundesnetzagentur, 2008.

[28] *Allgemeinzuteilung von Frequenzen für die Nutzung durch Anwendungen geringer Leistung der Ultra- Wideband (UWB) Technologie*, http://www.bundesnetzagentur.de. Technischer Bericht, Bundesnetzagentur, 2008.

[29] C. Fowler, J. Entzminger, and J. Corum: *Assessment of ultra-wideband (UWB) technology*. IEEE Aerospace and Electronic Systems Magazine, 5(11):45–49, 1990.

[30] C. L. Bennett and G. F. Ross: *Time-domain electromagnetics and its applications*. Proc. IEEE, 66(3):299–318, 1978.

[31] R. J. Fontana: *Recent system applications of short-pulse ultra-wideband (UWB) technology*. IEEE Trans. Microw. Theory Tech., 52(9):2087 – 2104, 2004.

[32] D. Porcino and W. Hirt: *Ultra-wideband radio technology: potential and challenges ahead*. IEEE Communications Magazine, 41(7):66–74, 2003.

[33] M. Kent: *A Review of a Decade of Multivariate Applications in the Study of Aqueous Dielectrics*. In *Proc. Aquametry 2010*, pages 22–33, Weimar, Germany, 2010.

[34] I.T. Jolliffe: *Principal Component Analysis, Second Edition*. Springer-Verlag, New-York, 2002.

[35] K. Pearson: *On lines and planes of closest fit to a system of points in space*. The London, Edinburgh, and Dublin Philosophical Magazine and Journal of Science, 2(6):559–572, 1901.

[36] I. N. Bronstein, K. A. Semendjajew, G. Musiol und H. Mühlig: *Taschenbuch der Mathematik*. Harry Deutsch, Frankfurt, 2001.

[37] R. R. Hockings: *The Analysis and Selection of Variables in Linear Regression*. Biometrics, 32(1):1–49, 1976.

[38] H. Wold: *Multivariate Analysis*, chapter Estimation of principal components and related models by iterative least squares, pages 391–420. Academic Press, New York, 1966.

[39] S. Wold, H. Martens, and H. Wold: *The multivariate calibration problem in chemistry solved by the PLS method*. Lecture Notes in Mathematics, 973:286–293, 1983.

[40] K. L. Priddy and P. E. Keller: *Artificial Neural Networks: an Introduction*. The International Society for Optical Engineering, Bellingham, Washington, 2005.

[41] B. Yegnanarayana: *Artificial Neural Networks*. Prentice Hall, New Delhi, 2006.

[42] D. Patterson: *Künstliche Neuronale Netze*. Prentice Hall, Haar, 1997.

[43] A. K. Jain, R. P. W. Duin, and J. Mao: *Statistical Pattern Recognition: A Review*. IEEE Trans. Pattern Anal. Mach. Intell., 22(1):4–37, 2000.

LITERATURVERZEICHNIS

[44] K. Etemad and R. Chellappa: *Discriminant analysis for recognition of human face images.* J. Opt. Soc. Am, 14(8):1724–1733, 1997.

[45] W. Zhao, R. Chellappa, and A. Krishnaswamy: *Discriminant Analysis of Principal Components for Face Recognition.* In *Proc. IEEE International Conference on Face and Gesture Recognition*, pages 336–341, Nara, Japan, 1998.

[46] W. Zhao, R. Chellappa, and P. Phillips: *Subspace linear discriminant analysis for face recognition.* Center for Automation Research CAR-TR-914, University of Maryland, College Park, 1999.

[47] C. Starr, A. G. Morgan, and D. B. Smith: *An evaluation of near infra-red reflectance analysis in some plant breeding programmes.* The Journal of Agricultural Science, 97:107–118, 1981.

[48] P. C. Williams: *Near-Infrared Technology in the Agriculture and Food industries*, chapter Implementation of near-infrared technology, page 165. American Association of Cereal Chemists, Inc., 2nd edition, 2001.

[49] F. Gustrau and D. Manteuffel: *EM Modeling of Antennas and RF Components for Wireless Communication Systems.* Springer, Berlin, 2010.

[50] E. K. Miller: *A selective survey of computational electromagnetics.* IEEE Trans. Antennas Propag., 36(9):1281–1305, 1988.

[51] D. M. Pozar: *Microwave Engineering.* Addison-Wesley Publishing Company, Inc., Reading, MA, 1990.

[52] H. Meinke und F. W: Gundlach: *Taschenbuch der Hochfrequenztechnik.* Springer, Berlin, 1992.

[53] J. Hancock: *Jitter-Understanding it, Measuring It, Eliminating It, Part 1: Jitter Fundamentals.* High Frequency Electronics, pages 20–28, 2004.

[54] J. Hancock: *Jitter-Understanding it, Measuring It, Eliminating It, Part 2: Jitter Measurements.* High Frequency Electronics, pages 20–28, 2004.

[55] J. Hancock: *Jitter-Understanding it, Measuring It, Eliminating It, Part 3: Causes of Jitter.* High Frequency Electronics, pages 28–34, 2004.

[56] K. Varmuza and P. Filzmoser: *Multivariate Statistical Analysis in Chemometrics.* CRC Press, Boca Raton, 2009.

[57] D. Johansson, P. Lindgren, and A. Berglund: *A multivariate approach applied to microarray data for identification of genes with cell cycle-coupled transcription.* Bioinformatics, 19(4):467–473, 2003.

[58] F. Lindgren, P. Geladi, and S. Wold: *Kernel-based PLS regression; Cross-validation and applications to spectral data.* Journal of Chemometrics, 8(6):377–389, 2005.

LITERATURVERZEICHNIS

[59] A. C. Camerona and F. A. G. Windmeijerb: *An R-squared measure of goodness of fit for some common nonlinear regression models.* Journal of Econometrics, 77(2):329–342, 1998.

[60] A. W. Kraszewski (editor): *Microwave aquametry: Electromagnetic wave interaction with water-containing materials.* IEEE Press, New York, 1996.

[61] A. H. Sihvola: *Electromagnetic mixing formulas and applications.* The Institution of Electrical Engineers, Padstow, Cornwall, 1999.

[62] *Users Manual HP 85070B Dielectric Probe Kit.* Technical report, Hewlett-Packard, 1999.

[63] R. C. Jones: *A New Calculus for the Treatment of Optical Systems.* J. Opt. Soc. Am., 31(7):488–493, 1941.

[64] G. Adamiuk: *Methoden zur Realisierung von dual-orthogonal, linear polarisierten Antennen für die UWB-Technik.* Dissertation, Karlsruher Institut für Technologie, 2010.

[65] C. C. Fagan, C. D. Everard, C. P. O'Donnell, G. Downey, and D. J. O'Callaghan: *Prediction of Inorganic Salt and Moisture Content of Process Cheese Using Dielectric Spectroscopy.* International Journal of Food Properties, 8(3):543–557, 2005.

[66] C. D. Everard, C. C. Fagan, C. P. O'Donnell, D. J. O'Callaghan, and J. G. Lyng: *Dielectric properties of process cheese from 0.3 to 3 GHz.* Journal of Food Engineering, 5(3):415–422, 2006.

[67] H. G. Schantz: *Introduction to ultra-wideband antennas.* In *Proc. IEEE Conference on Ultra Wideband Systems and Technologies*, pages 1–9, 2003.

[68] H. G. Schantz: *UWB magnetic antennas.* In *Proc. IEEE Antennas and Propagation Society International Symposium*, volume 3, pages 604–607, 2003.

[69] H. G. Schantz: *A brief history of UWB antennas.* IEEE Aerospace and Electronic Systems Magazine, 19(4):22–26, 2004.

[70] H. G. Schantz: *The Art and Science of Ultrawideband Antennas.* Artech House, Norwood, MA, 2005.

[71] W. Wiesbeck, G. Adamiuk, and C. Sturm: *Basic Properties and Design Principles of UWB Antennas .* Proceedings of the IEEE, 97(2):372–385, 2009.

[72] J. Perruisseau-Carrier, T. W. Hee, and P. S. Hall: *Dual-polarized broadband dipole.* IEEE Antennas Wireless Propag. Lett., 2(1):310–312, 2003.

[73] D. A. Woten and M. El-Shenawee: *Broadband Dual Linear Polarized Antenna for Statistical Detection of Breast Cancer.* IEEE Trans. Antennas Propag., 56(11):3576–3590, 2008.

[74] P. T. Teo, K. S. Lee, and C. K. Lee: *Maltese-Cross Coaxial Balun-Fed Antenna for GPS and DCS1800 Mobile Communication*. IEEE Trans. Veh. Technol., 52(4):779–783, 2003.

[75] S. Y. Suh, W. Stutzman, W. Davis, A. Walthot, and J. Schiffer: *A Generalized Crossed Dipole Antenna, the Fourtear Antenna*. In *Proc. IEEE APS 2004*, volume 3, pages 2915–2918, 2004.

[76] K. M. Mak, H. Wong, and K. M. Luk: *A Shorted Bowtie Patch Antenna with a Cross Dipole for Dual Polarization*. IEEE Antennas Wireless Propag. Lett., 6:126–129, 2007.

[77] S. Soroka: *A physically compact quad ridge horn design*. In *Proc. IEEE APS 1986*, pages 903–906, 1986.

[78] Z. Shen and C. Feng: *A new dual-polarized broadband horn antenna*. IEEE Antennas and Wireless Propagation Letters, 4:270–273, 2005.

[79] D.H. Schaubert, W. Elsallal, S. Kasturi, A.O. Boryssenko, M. N. Vouvakis, and G. Paraschos: *Wide Bandwidth Arrays of Vivaldi Antennas*. Institution of Engineering and Technology Seminar on Wideband, Multiband Antennas and Arrays for Defence or Civil Applications, pages 1–20, 2008.

[80] G. Adamiuk, T. Zwick, and W. Wiesbeck: *Dual-orthogonal polarized Vivaldi antenna for ultra wideband applications*. In *Proc. MIKON 2008*, pages 1–4, 2007.

[81] G. Adamiuk, S. Beer, W. Wiesbeck, and T. Zwick: *Dual-orthogonal polarized Antenna for UWB-IR Technology*. IEEE Antennas Wireless Propag. Lett., 8:981–984, 2009.

[82] K. Rothammel: *Rothammels Antennenbuch*. Franckh-Kosmos, Stuttgart, 1995.

[83] J. R. Brews: *Characteristic Impedance of Microstrip Lines*. IEEE Trans. Microw. Theory Tech., 35(1):30–34, 1987.

[84] E. F. Knott: *Dielectric constant of plastic foams*. IEEE Trans. Antennas Propag., 41(8):1167–1171, 1993.

[85] K. W. Kark: *Antennen und Strahlungsfelder*. Vieweg und Teubner, Wiesbaden, 2010.

[86] *Eccostock(R) HiK500F Technical Bulletin*. Technical report, Emerson and Cuming Microw. Products Inc., 2007.

[87] Y. Nikawa, M. Chino, and K. Kikuchi: *Soft and dry phantom modeling material using silicone rubber with carbon fiber*. IEEE Trans. Microw. Theory Tech., 44(10):1949–1953, 1996.

[88] C. Gabriel: *Tissue equivalent material for hand phantoms*. Phys. Med. Biol., 52(14):4205–4210, 2007.

LITERATURVERZEICHNIS

[89] *Dow Corning(R) Sylgard 184 Silicone Elastomer Product Information*. Technical report, Dow Corning Corporation, 2008.

[90] *Dow Corning(R) Sylgard 527 Silicone Dielectric Gel Product Information*. Technical report, Dow Corning Corporation, 2008.

[91] *Sampling Oscilloscope Techniques, Technique Primer 47W-7209*. Technical report, Tektronix, Inc., 1989.

[92] J. M. D. Pereira: *The History and Technology of Oscilloscopes*. IEEE Instrumentation & Measurement Magazine, pages 27–35, 2006.

[93] D. Williams, P. Hale, and K. A. Remley: *The Sampling Oscilloscope as a Microwave Instrument*. IEEE Microwave Magazine, pages 59–68, 2007.

[94] E. J. Wilkinson: *An N-Way Hybrid Power Divider*. IRE Trans. Microw. Theory Tech., 8(1):116–118, 1960.

[95] K. Czuba and D. Sikora: *Temperature Stability of Coaxial Cables*. Acta Phys. Pol., 119:553–557, 2011.

[96] J. Sachs, P. Peyerl, and M. Rossberg: *A new UWB-Principle for Sensor-Array Application*. In *Proc. Instrumentation and Measurement Technology Conference 1999*, pages 1390–1395, 1999.

[97] J. Sachs, P. Peyerl, R. Zetik, and S. Crabbe: *M-Sequence Ultra-Wideband-Radar: State of Development and Applications*. In *Proc. International Radar Conference 2003*, pages 224–229, 2003.

[98] J. Sachs, R. Herrmann, M. Kmec, and P. Peyerl: *Modified M-Sequence UWB-Radar*. In *Proc. GEMIC 2006*, pages 1–4, 2006.

[99] J. Sachs, P. Peyerl, S. Wöckel, M. Kmec, R. Herrmann, and R. Zetik: *Liquid and moisture sensing by ultra-wideband pseudo-noise sequence signals*. Meas Sci. Technol., (18):1074–1087, 2007.

[100] J. Sachs, R. Herrmann, M. Kmec, M. Helbig, and K. Schilling: *Recent Advances and Applications of M-Sequence based Ultra-Wideband Sensors*. In *Proc. ICUWB 2007*, pages 50–55, 2007.

[101] M. Aftanas, E. Zaikov, M. Drutarovsky, and J. Sachs: *Recent Advances and Applications of M-Sequence based Ultra-Wideband Sensors*. In *Proc. Radioelektronika 2008*, pages 1–4, 2008.

[102] J. Sachs, M. Helbig, R. Herrmann, M. Kmec, K. Schilling, and P. Rauschenbach: *Non-Destructive Testing and Super Resolution Imaging with Ultra Wideband M-Sequence Radar*. In *Proc. EUSAR 2010*, pages 1–4, 2010.

[103] R. N. Mutagi: *Pseudo noise sequences for engineers*. Electronics and Communication Engineering Journal, 8(2):79–87, 1996.

LITERATURVERZEICHNIS

[104] J. J. O'Reilly: *Series-parallel generation of m-sequences*. Radio and Electronic Engineer, 45(4):171–176, 1975.

[105] K. C. Lawrence, W. R. Windham, and S. O. Nelson: *Wheat moisture determination by 1- to 110-MHz swept-frequency admittance measurements*. Transactions of the ASAE, 41(1):135–142, 1998.

[106] J. P. Wold and T. Isaksson: *Non-Destructive Determination of Fat and Moisture in Whole Atlantic Salmon by Near-Infrared Diffuse Spectroscopy*. Journal of Food Science, 62(4):734–736, 1997.

[107] R. Neimanis, H. Lennholm, and R. Eriksson: *Determination of moisture content in impregnated paper using near infrared spectroscopy*. 1999 Annual Report Conference on Electrical Insulation and Dielectric Phenomena, 1:162–165, 1999.

[108] J. Rantanen, E. Rasanen, O. Antikainen, J. P. Mannermaa, and J. Yliruusi: *In-line moisture measurement during granulation with a four-wavelength near-infrared sensor: an evaluation of process-related variables and a development of non-linear calibration model*. Chemometrics and Intelligent Laboratory Systems, 56(1):51–58, 2001.

Eigene Publikationen

[109] H. Mextorf, R. Martens, F. Daschner, and R. Knöchel: *Dual polarized UWB antenna for free-space characterization of dielectric objects.* In *Proc. German Microwave Conference 2010*, pages 162–165, 2010.

[110] H. Mextorf, F. Daschner, M. Kent, and R. Knöchel: *Free-space determination of permittivity, size and orientation of rectangular shaped objects using multivariate analysis.* In *Proc. European Microwave Conference 2010*, pages 152–155, 2010.

[111] H. Mextorf, F. Daschner, M. Kent, and R. Knöchel: *Non-contacting UWB-characterization of dielectric objects using multivariate calibration.* In *Proc. Aquametry 2010*, pages 136–144, 2010.

[112] H. Mextorf, F. Daschner, M. Kent, and R. Knöchel: *UWB free-space characterization and shape recognition of dielectric objects using statistical methods.* IEEE Trans. Instrum. Meas., 60(4):1389–1396, 2011.

[113] H. Mextorf, F. Daschner, M. Kent, and R. Knöchel: *Free-space prediction of the water content of irregularly shaped bodies filled with water-ethanol mixtures.* In *Proc. ISEMA 2011*, pages 162–169, 2011.

[114] H. Mextorf, F. Daschner, M. Kent, and R. Knöchel: *New UWB Free-Space Method for the Classification and Characterization of Dielectric Objects.* In *Proc. ICUWB 2011*, pages 410–414, 2011.

[115] H. Mextorf, F. Daschner, M. Kent, and R. Knöchel: *Performance of Multivariate Calibration Methods for the UWB Characterization of Dielectric Objects.* In *Proc. CMM-Tagung 2011*, pages 105–112, 2011.

[116] H. Mextorf, F. Daschner, M. Kent, and R. Knöchel: *Non-Contacting Moisture Sensing using a Dedicated UWB Time Domain Instrument.* In *Proc. German Microwave Conference 2012*, pages 1–4, 2012.

[117] H. Mextorf, F. Daschner, M. Kent, and R. Knöchel: *Signal Quality Considerations for Free-Space UWB Moisture Measurements.* In *Proc. Mikon 2012*, pages 627–630, 2012.

[118] H. Mextorf, F. Daschner, M. Kent, and R. Knöchel: *UWB Time Domain Transmission Sensor for Free-Space Moisture Measurements.* In *IEEE MTT-S Int. Microw. Symp. Dig.*, pages 1–3, 2012.

EIGENE PUBLIKATIONEN

[119] H. Mextorf, J. Sachs, F. Daschner, M. Kent, and R. Knöchel: *Free-Space Moisture Prediction of Small Objects using M-Sequences*. In *Proc. ICUWB 2012*, pages 260–264, 2012.

[120] H. Mextorf, F. Daschner, M. Kent, and R. Knöchel: *UKoLoS: Ultra-Wideband Radio Technologies for Communications, Localization and Sensor Applications*, chapter ISOPerm: non-contacting measurement of dielectric properties of irregular shaped objects. Intech, 2012.

[121] H. Mextorf, F. Daschner, M. Kent, and R. Knöchel: *Non-Contacting Moisture Sensing using a Dedicated UWB Time Domain Instrument*. Frequenz, Journal of RF-Engineering and Telecommunications, 66(11-12):379–386, 2012.

Abkürzungs- und Symbolverzeichnis

Abkürzungen

ADC	Analog Digital Wandler (analog digital converter)
ANN	Künstliches Neuronales Netz (artificial neural network)
CLS	Silikon-Graphit-Mischungen (carbon-loaded silicone)
DARPA	Defense Advanced Research Projects Agency
DDS	Direkte digitale Synthese
DK	Dielektrische Konstante
FCC	Federal Communications Commission
FDTD	Finite-Differenzen-Methode im Zeitbereich (finite differences in time domain)
FFT	Schnelle Fourier Transformation (fast Fourier transformation)
FIFO	Speicher (first in first out memory)
FIT	Finite-Integral-Methode (finite integration technique)
FPGA	Field programmable gate array
GaAs	Galliumarsenid
HK	Hauptkomponente
LDA	Lineare Diskriminanzanalyse (linear discriminant analysis)
LFSR	Linear rückgekoppeltes Schieberegister (linear feedback shift register)
MESFET	Metall-Halbleiter-Feldeffekttransistor (metal semic. field effect transistor)
MLFF	Multi-Layer-Feed-Forward
MLR	Multiple lineare Regression (multiple linear regression)
NIR	Nahinfrarotspektroskopie (near-infrared spectroscopy)
NPL	National Physical Laboratory
PC	Rechner (personal computer)
PCA	Hauptkomponentenanalyse (principal component analysis)
PCR	Hauptkomponentenregression (principal component regression)
PLL	Phasenregelschleife (phase-locked loop)
PLSR	Partial Least Squares Regression
RMS	Effektivwert (root mean square)
TEM	Transversal elektromagnetisch
TDT	Zeitbereichs-Transmission (time domain transmission)
USB	Serielles Bussystem (universal serial bus)
UWB	Ultra-breitband (ultra-wideband)
VGA	Analoger Bildübertragungsstandard (video graphics array)

ABKÜRZUNGS- UND SYMBOLVERZEICHNIS

Lateinische Symbole

A	Anzahl der ausgewählten Hauptkomponenten
b	Index der b-ten Klasse
$\vec{b}$	Vektor der geschätzten Regressionskoeffizienten der PLSR
bw	Relative Bandbreite
B	Anzahl von Klassen
$\vec{B}$	Vektor der magnetischen Flussdichte
BW	Absolute Bandbreite
c	Lichtgeschwindigkeit
d	Durchmesser
$\vec{D}$	Vektor der elektrischen Flussdichte
e	Eulersche Zahl
$\vec{e}$	Fehlervektor
$\vec{e}_k$	Absoluter Fehler der Kalibration
$\vec{e}_v$	Absoluter Fehler der Validation
$\vec{e}_x$	Einheitsvektor in x-Richtung
$\vec{E}$	Vektor der elektrischen Feldstärke
$\vec{E}_0$	Von Raum- und Zeitabhängigkeit befreiter elektrischer Feldvektor
E_x	x-Komponente des elektrischen Feldes
f	Frequenz
$g(t)$	Gauß'scher Puls im Zeitbereich
$G(\omega)$	Gauß'scher Puls im Frequenzbereich
h	Laufvariable der PLSR
H	Maximaler Iterationsschritt der PLSR
H_{opt}	Optimaler Iterationsschritt der PLSR
$H(\omega)$	Übertragungsfunktion
$\vec{H}$	Vektor der magnetischen Feldstärke
$\boldsymbol{H}_k$	Matrix der Hauptkomponenten der Kalibration
$\tilde{\boldsymbol{H}}_k$	Matrix der ausgewählten Hauptkomponenten der Kalibration
$\hat{\boldsymbol{H}}_v$	Matrix der geschätzten Hauptkomponenten der Validation
$\hat{\tilde{\boldsymbol{H}}}_v$	Matrix der geschätzten ausgewählten Hauptkomponenten der Validation
j	Imaginäre Einheit
$\vec{J}$	Vektor der elektrischen Stromdichte
$\vec{J}_0$	Jones-Vektor
$\vec{J}_{ein}$	Jones-Vektor am Eingang
$\vec{J}_{aus}$	Jones-Vektor am Ausgang
$\vec{k}$	Wellenvektor
$\boldsymbol{L}_k$	Transformationsmatrix (loadings)
L_{nb}	Distanz vom n-ten Objekt zur b-ten Klasse
L_M	Mahalanobis Distanz
m_T	Trockenmasse
m_W	Masse des Wassers
$m(t)$	Empfangssignal bei einer Messung mit Messobjekt

ABKÜRZUNGS- UND SYMBOLVERZEICHNIS

$\tilde{m}(t)$	Empfangssignal $m(t)$ nach Gating und Fensterung
$\tilde{M}(\omega)$	$\tilde{m}(t)$ in den Frequenzbereich transformiert
$M_{kal}(\omega)$	Kalibriertes Empfangssignal im Frequenzbereich
M	Anzahl der Feldsonden
$\boldsymbol{M}$	Jones-Matrix
n	Anzahl der Abtastpunkte
$\vec{n}$	Normalenvektor zu $\vec{k}$
N	Anzahl der Proben (Beobachtungen)
P	Anzahl der Variablen
$\vec{P}$	Vektor der Polarisation
$\vec{p}_h$	Vektor der spektralen Ladungen
$\hat{\vec{p}}_h$	Vektor der geschätzten spektralen Ladungen
q_h	Koeffizient bei der PLSR
$\hat{q}_h$	Geschätzter Koeffizient bei der PLSR
r	Aufpunktsentfernung
r'	Maximale Abmessung der Antenne
$r(t)$	Empfangssignal der Referenzmessung
$\tilde{r}(t)$	Empfangssignal der Referenzmessung nach Gating und Fensterung
$\vec{r}$	Vektor in radialer Richtung
$\tilde{R}(\omega)$	$\tilde{r}(t)$ in den Frequenzbereich transformiert
R^2	Multiples Bestimmtheitsmaß
R^2_{adj}	Adjustiertes multiples Bestimmtheitsmaß
$\boldsymbol{R}$	Jones-Matrix der Empfangsantenne
RER_k	Range to error ratio der Kalibration
RER_v	Range to error ratio der Validation
$RMSE_k$	Root mean square error der Kalibration
$RMSE_v$	Root mean square error der Validation
$s(t)$	(Sende-)Signal im Zeitbereich
$\tilde{s}(t)$	Sendesignal nach Gating und Fensterung
$s_{n,m}(t)$	Puls der m-ten Feldsonde der n-ten Simulation
$S(\omega)$	Signal im Frequenzbereich
$\tilde{S}(\omega)$	$\tilde{s}(t)$ in den Frequenzbereich transformiert
$S_{a,a}$	Reflexionsfaktor an Tor a
$S_{a,b}$	Transmissionsfaktor von Tor b nach Tor a
SSE	Sum of squared errors
t	Zeit
Δt	Zeitintervall
t_a	Akquisitionszeit
$t_j(t)$	Jitter
$t_{j,RMS}(t)$	Effektivwert des Jitters
$\vec{t}_h$	Faktor bei der PLSR
$\hat{\vec{t}}_h$	Geschätzter Faktor bei der PLSR
ΔT	Zeitliche Auflösung
T	Periodendauer
$\boldsymbol{T}$	Jones-Matrix der Sendeantenne

ABKÜRZUNGS- UND SYMBOLVERZEICHNIS

$v_n(t)$	Rauschspannung
$v_{n,RMS}(t)$	Effektivwert der Rauschspannung
$\bar{v}_k^p$	Mittelwert der p-ten Spalte der Matrix V
V	Datenmatrix
V_k	Datenmatrix der Kalibration
V_v	Datenmatrix der Validation
$\vec{w}$	Gewichtsvektor
$\vec{w}_h$	Gewichtungsvektor bei der PLSR
$\vec{\hat{w}}_h$	Geschätzter Gewichtungsvektor bei der PLSR
$w(t)$	Hamming Fenster
$\vec{x}$	Eingangsvektor eines Neurons
X_k	Mittelwertfreie und standardisierte Datenmatrix der Kalibration
X_v	Mittelwertfreie und standardisierte Datenmatrix der Validation
y	Ausgangsgröße eines Neurons
$\vec{y}_k$	Vektor der mittelwertfreien Zielvariablen der Kalibration
$\vec{z}_k$	Vektor der Zielvariablen der Kalibration
$\vec{\hat{z}}_k$	Vektor der geschätzten Zielvariablen der Kalibration
$\vec{\bar{z}}_k$	Mittelwert der Zielvariablen der Kalibration
$\vec{\hat{z}}_v$	Vektor der geschätzten Zielvariablen der Validation
Z	Wellenwiderstand
Z_F	Freiraumwellenwiderstand

Griechische Symbole

$\vec{\hat{\beta}}$	Vektor der geschätzten Regressionskoeffizienten
ϵ_0	Permittivität des freien Raumes
ϵ_p	Polarisierungsverluste
ϵ_r	Relative Permittivität
ϵ_r'	Realteil der relativen Permittivität
ϵ_r''	Imaginärteil der relativen Permittivität
κ	Elektrische Leitfähigkeit
λ	Wellenlänge
μ_0	Permeabilität des freien Raumes
μ_r	Relative Permeabilität
μ_b	Mittelwert der b-ten Klasse
π_b	A priori Wahrscheinlichkeit der b-ten Klasse
ρ	Raumladungsdichte
$\sigma_{\bar{v}_k^p}$	Standardabweichung der p-ten Spalte der Matrix V
Σ	Kovarianzmatrix
ϕ	Phase
χ	Elektrische Suszeptibilität
ψ	Aktivierungsfunktion
ψ_w	Wassergehalt
ω	Kreisfrequenz

Abbildungsverzeichnis

1.1 Eine elektromagnetische Welle beleuchtet ein unregelmäßig geformtes dielektrisches Objekt. Anteile des gestreuten Feldes werden mit mehreren Empfangsantennen aufgenommen. 2

3.1 Befüllbarer TEM-Wellenleiter mit APC-7 Steckverbindern. Die Messzelle ist durch Teflonblöcke begrenzt. 13

3.2 Dielektrisches Spektrum von Ethanol. Vergleich von Messungen mit der offenen Koaxialleitung, Messungen mit dem befüllbaren TEM-Wellenleiter und Daten des UK national standards laboratory [24]. 14

4.1 Aufbau eines einzelnen Neurons. 22

4.2 Aufbau eines Multi-Layer-Feed-Forward-Netzes mit einer verborgenen Schicht. 23

4.3 Visualisierung der Mahalanobis-Distanz im zweidimensionalen Raum. . . . 24

5.1 Prinzipielle Simulationsgeometrie. 28

5.2 UWB-Signale im Zeit- und Frequenzbereich. 29

5.3 Unregelmäßig geformte Körper. 31

5.4 Beispielhafte Empfangssignale einer Feldsonde, der Parameter Permittivität ist farblich unterschieden, Standardabweichung. 32

5.5 Mittelwertfreie Amplituden, mittelwertfreie und standardisierte Daten. . . . 32

5.6 Beispielhafter Empfangspuls. 33

5.7 Puls mit additivem weißen Rauschen, $v_{n,RMS} = 10\,\text{mV}$ und $v_{n,RMS} = 100\,\text{mV}$. 34

5.8 Puls mit Jitter, $t_{j,RMS} = 1\,\text{ps}$ und $t_{j,RMS} = 10\,\text{ps}$. 34

5.9 Beispielhafte Empfangssignale einer Feldsonde, der Parameter Permittivität ist farblich unterschieden, Standardabweichung, Rauschen: $v_{n,RMS} = 10\,\text{mV}$, Jitter: $t_{j,RMS} = 1\,\text{ps}$. 35

5.10 Mittelwertfreie Amplituden, mittelwertfreie und standardisierte Daten, Rauschen: $v_{n,RMS} = 10\,\text{mV}$, Jitter: $t_{j,RMS} = 1\,\text{ps}$. 35

ABBILDUNGSVERZEICHNIS

5.11 *RMSE der Kalibration in Abhängigkeit der Anzahl der Abtastwerte und der minimal geforderten Standardabweichung.* ... 36

5.12 *RMSE der Validation in Abhängigkeit der Anzahl der Abtastwerte und der minimal geforderten Standardabweichung.* ... 37

5.13 *Verhalten der Kalibrationsverfahren in Abhängigkeit der den Empfangspulsen hinzugefügten Rauschamplitude, Rauschamplitude normiert auf* 1 V, *abhängige Variable: Permittivität.* ... 39

5.14 *Verhalten der Kalibrationsverfahren in Abhängigkeit des den Empfangspulsen hinzugefügten Jitters, Jitter normiert auf* 1 ns, *abhängige Variable: Permittivität.* ... 41

5.15 *Verhalten der Kalibrationsverfahren in Abhängigkeit des Rauschens der Zielvariablen Permittivität, nur Kalibrationsgruppe verrauscht, abhängige Variable: Permittivität.* ... 42

5.16 *Qualität der PCR bei idealen Empfangssignalen (linkes Bild) und bei $v_{n,RMS} = 10$ mV und $t_{j,RMS} = 1$ ps (rechtes Bild).* ... 44

5.17 *Varianz der HKn bei idealen Empfangssignalen (linkes Bild) und bei $v_{n,RMS} = 10$ mV und $t_{j,RMS} = 1$ ps (rechtes Bild).* ... 44

5.18 *Qualität der PCR bei idealen Empfangssignalen (linkes Bild) und bei $v_{n,RMS} = 10$ mV und $t_{j,RMS} = 1$ ps (rechtes Bild) bei nur noch maximal 15 HKn.* ... 44

5.19 *Histogramm der absoluten Fehler der Kalibration bei idealen Empfangssignalen (linkes Bild) und bei $v_{n,RMS} = 10$ mV und $t_{j,RMS} = 1$ ps (rechtes Bild).* ... 45

5.20 *Histogramm der absoluten Fehler der Validation bei idealen Empfangssignalen (linkes Bild) und bei $v_{n,RMS} = 10$ mV und $t_{j,RMS} = 1$ ps (rechtes Bild).* ... 45

5.21 *Histogramm der relativen Fehler der Kalibration bei idealen Empfangssignalen (linkes Bild) und bei $v_{n,RMS} = 10$ mV und $t_{j,RMS} = 1$ ps (rechtes Bild).* ... 45

5.22 *Histogramm der relativen Fehler der Validation bei idealen Empfangssignalen (linkes Bild) und bei $v_{n,RMS} = 10$ mV und $t_{j,RMS} = 1$ ps (rechtes Bild).* 46

5.23 *Qualität der PLSR bei idealen Empfangssignalen (linkes Bild) und bei $v_{n,RMS} = 10$ mV und $t_{j,RMS} = 1$ ps (rechtes Bild).* ... 46

5.24 *RMSE über der Anzahl der Iterationsschritte der PLSR bei idealen Empfangssignalen (linkes Bild) und bei $v_{n,RMS} = 10$ mV und $t_{j,RMS} = 1$ ps (rechtes Bild).* ... 47

5.25 *Qualität des ANNs bei idealen Empfangssignalen (linkes Bild) und bei $v_{n,RMS} = 10$ mV und $t_{j,RMS} = 1$ ps (rechtes Bild).* ... 47

5.26 *SSE über der Anzahl der Trainings- bzw. Kalibrations-Epochen.* ... 47

ABBILDUNGSVERZEICHNIS

5.27 Qualität der PLSR bei idealen Empfangssignalen (linkes Bild) und bei $v_{n,RMS} =$ 10 mV und $t_{j,RMS} = 1$ ps (rechtes Bild), Bestimmung des Volumens der Testobjekte, Volumen normiert auf 100 ccm. 48

5.28 Gemessenes dielektrisches Spektrum von 20/80 Wasser/Ethanol im Frequenzbereich von 100 MHz bis 8 GHz. Approximation durch CST Microwave Studio im Bereich von 1 GHz bis 4 GHz. 50

5.29 Verhalten der Kalibrationsverfahren in Abhängigkeit der den Empfangspulsen hinzugefügten Rauschamplitude, Rauschamplitude normiert auf 1 V, abhängige Variable: Wassergehalt, Wassergehalt $< 50\,\%$. 51

5.30 Verhalten der Kalibrationsverfahren in Abhängigkeit des den Empfangspulsen hinzugefügten Jitters, Jitter normiert auf 1 ns, abhängige Variable: Wassergehalt, Wassergehalt $< 50\%$. 52

5.31 Qualität der PCR bei idealen Empfangssignalen (linkes Bild) und bei $v_{n,RMS} =$ 10 mV und $t_{j,RMS} = 1$ ps (rechtes Bild), Bestimmung des Wassergehaltes. . 53

5.32 Qualität der PLSR bei idealen Empfangssignalen (linkes Bild) und bei $v_{n,RMS} =$ 10 mV und $t_{j,RMS} = 1$ ps (rechtes Bild), Bestimmung des Wassergehaltes. . 53

5.33 Qualität des ANNs bei idealen Empfangssignalen (linkes Bild) und bei $v_{n,RMS} =$ 10 mV und $t_{j,RMS} = 1$ ps (rechtes Bild), Bestimmung des Wassergehaltes. . 54

5.34 Verhalten der Kalibrationsverfahren in Abhängigkeit der den Empfangspulsen hinzugefügten Rauschamplitude, Rauschamplitude normiert auf 1 V, abhängige Variable: Wassergehalt, Wassergehalt $> 50\,\%$. 55

5.35 Verhalten der Kalibrationsverfahren in Abhängigkeit des den Empfangspulsen hinzugefügten Jitters, Jitter normiert auf 1 ns, abhängige Variable: Wassergehalt, Wassergehalt $> 50\,\%$. 56

5.36 Qualität der PCR bei idealen Empfangssignalen (linkes Bild) und bei $v_{n,RMS} =$ 10 mV und $t_{j,RMS} = 1$ ps (rechtes Bild), Bestimmung des Wassergehaltes. . 56

5.37 Qualität der PLSR bei idealen Empfangssignalen (linkes Bild) und bei $v_{n,RMS} =$ 10 mV und $t_{j,RMS} = 1$ ps (rechtes Bild), Bestimmung des Wassergehaltes. . 57

5.38 Qualität des ANNs bei idealen Empfangssignalen (linkes Bild) und bei $v_{n,RMS} =$ 10 mV und $t_{j,RMS} = 1$ ps (rechtes Bild), Bestimmung des Wassergehaltes. . 57

5.39 Betrag der elektrischen Feldstärke bei einer Frequenz von $f = 2,5$ GHz, Wasser (oberes Bild), Ethanol (unteres Bild), beispielhaftes Objekt mit 250 ccm Volumen, Querschnitt in xz-Ebene, $y = 0$. 58

5.40 Betrag der elektrischen Feldstärke bei einer Frequenz von $f = 4$ GHz, Wasser (oberes Bild), Ethanol (unteres Bild), beispielhaftes Objekt mit 250 ccm Volumen, Querschnitt in xz-Ebene, $y = 0$. 59

5.41 Mittlerer Fehler der Validation $RMSE_v$ als Funktion der Rauschamplitude $v_{n,RMS}$, Vergleich der Polarisations-Konfigurationen, nur Simulationen unter dem Rotationswinkel $0°$. 63

ABBILDUNGSVERZEICHNIS

5.42 Mittlerer Fehler der Validation $RMSE_v$ als Funktion der Rauschamplitude $v_{n,RMS}$, Vergleich der Polarisations-Konfigurationen, nur Simulationen unter dem Rotationswinkel 45°. 63

5.43 Mittlerer Fehler der Validation $RMSE_v$ als Funktion der Rauschamplitude $v_{n,RMS}$, Vergleich der Polarisations-Konfigurationen, Simulationen unter allen Rotationswinkeln. 64

5.44 Fehler der Kalibration und Validation über der Rauschamplitude, nichtdispersive Objekte, Klassifikation der geometrischen Form. 66

5.45 Fehler der Kalibration und Validation über der Rauschamplitude, dispersive Objekte, Klassifikation der geometrischen Form. 66

5.46 Fehler der Kalibration und Validation über der Rauschamplitude, dispersive Objekte, Klassifikation in Wassergehalt < 50 % und Wassergehalt > 50 %. . 67

6.1 Vier mögliche Anordnungen der Strahlungselemente: Mit zwei Speisepunkten über Kreuz und vier Strahlungselementen (a), mit vier Speisepunkten und acht Strahlungselementen parallel (b), mit vier Speisepunkten und acht Strahlungselementen über Kreuz (c), mit vier Speisepunkten parallel und vier Strahlungselementen (d). 72

6.2 Prototyp der dual polarisierten UWB-Antenne (ohne Absorbermaterial). . . 74

6.3 Gemessene Streuparameter der dual polarisierten UWB-Antenne. 75

6.4 Gemessenes Strahlungsdiagramm der dual polarisierten UWB-Antenne bei $f = 5\,\text{GHz}$, E-Ebene, Ko- und Kreuzpolarisation, durchgezogene Linie: Tor 1 angeregt, gestrichelte Linie: Tor 2 angeregt. Die Normierung erfolgte auf den Maximalwert. 75

6.5 Gemessenes Strahlungsdiagramm der dual polarisierten UWB-Antenne bei $f = 5\,\text{GHz}$, H-Ebene, Ko- und Kreuzpolarisation, durchgezogene Linie: Tor 1 angeregt, gestrichelte Linie: Tor 2 angeregt. 76

6.6 Idealisiertes Prinzip der Synthese einer dual polarisierten virtuellen 2-dimensionalen Gruppenantenne. 77

6.7 Idealisiertes Prinzip der Synthese einer dual polarisierten virtuellen 2-dimensionalen Gruppenantenne ohne Verwendung dual polarisierter Antennen. 77

6.8 Prototyp der Gruppenantenne mit linear polarisierten UWB-Dipolen in zwei orthogonalen Polarisationsebenen. 78

6.9 Eingangsreflexionsfaktoren der Gruppenantenne mit linear polarisierten UWB-Dipolen in zwei orthogonalen Polarisationsebenen. 79

6.10 Netzwerk zur Pulsformung und Verstärkung. 79

6.11 Prototyp des Hochfrequenz-Demultiplexers. Zu sehen ist hier nur der hochfrequenztechnische Teil der Schaltung. 80

ABBILDUNGSVERZEICHNIS

6.12 Vom Mittelwert befreites Empfängerrauschen, ohne und mit Mittelwertbildung. 80

6.13 Blockschaltbild des Messsystems. 81

6.14 Foto des Messsystems. 82

6.15 Fernfeldregionen für Horn- und Dipolantenne über der Frequenz aufgetragen. Hierbei ist Gleichung 6.1 als 1. Bedingung und 6.2 als 2. Bedingung bezeichnet, dabei wurde $r \geq 10\frac{\lambda}{2\pi}$ angesetzt. 83

6.16 Sendesignal (linkes Bild), Messsignal der Referenzmessung und einer beispielhaften Messung (rechtes Bild). 85

6.17 Sendesignal (linkes Bild) nach Gating, Messsignal der Referenzmessung und einer beispielhaften Messung (rechtes Bild) nach Gating und Fensterung. 85

6.18 Von der Übertragungsfunktion bereinigtes Messsignal. 86

6.19 Arrangements (Geometrien) von Würfeln mit unterschiedlicher Permittivität. 87

6.20 Qualität der PCR bei der Bestimmung der Permittivität. 88

6.21 Qualität der PLSR bei der Bestimmung der Permittivität. 88

6.22 Qualität des ANNs bei der Bestimmung der Permittivität. 89

6.23 Prinzip der Datenverarbeitung mittels Klassifizierung und anschließend angewendeter PLSR in den einzelnen Klassen, B ist gleich der Anzahl der Klassen. 90

6.24 Qualität der PLSR für die Bestimmung der Permittivität, vorherige Klassifikation, nur Objekte mit Permittivität 1,8; 3; 4; 6. 91

6.25 Qualität der PLSR für die Bestimmung der Permittivität, vorherige Klassifikation, nur Objekte mit Permittivität 8; 10; 12; 15; 20. 91

6.26 Bestimmung des Rotationswinkels. 92

6.27 Bestimmung der Anzahl der Würfel. 93

6.28 Die erste HK der Validationsdaten über der zweiten HK aufgetragen. Die Klassen sind farblich unterschieden. Stimmen Farbe des Quadrats und des sich im Quadrat befindlichen Punktes überein, so ist die Klassifizierung korrekt. 94

6.29 Drei beispielhafte Objekte aus Silikon und Graphit (Quader, Dreiecksäule, Zylinder). 95

6.30 Qualität bei der Bestimmung des Graphitgehaltes mittels PCR (linkes Bild) und eines ANNs (rechtes Bild). 97

6.31 Qualität bei der Bestimmung der Masse mittels PCR (linkes Bild) und eines ANNs (rechtes Bild). 97

6.32 Fünf unregelmäßig geformte Behältnisse aus Polystyrolschaum. 99

ABBILDUNGSVERZEICHNIS

6.33 *Qualität der PLSR bei der Bestimmung des Wassergehaltes.* 99

6.34 *Qualität der PCR bei der Bestimmung der Feuchte.* 101

6.35 *Qualität der PLSR bei der Bestimmung der Feuchte.* 102

6.36 *Qualität des ANNs bei der Bestimmung der Feuchte.* 102

7.1 *Prinzip des sequenziellen zeitäquivalenten Abtastens am Beispiel eines sinusförmigen Signals.* 106

7.2 *Blockschaltbild des Prototyps des Abtastoszilloskops.* 108

7.3 *Prototyp des HF-Teils des Abtastoszilloskopes (TDT), Abmessungen der Platine:* 90 mm × 60 mm. 109

7.4 *Vergleich zwischen Tektronix TDS8000 und dem hier vorgestellten Prototyp (TDT) beim Empfang eines Pulses und eines Monozyklus. Die Frequenzen werden in diesem Fall zu $f_1 = 50{,}01$ MHz und $f_2 = 50$ MHz gewählt. Daraus ergibt sich eine zeitliche Auflösung von $\Delta t = 4$ ps.* 110

7.5 *Blockschaltbild des Gesamtsystems.* 111

7.6 *1000 Sprungantworten des Systems, Histogramm der zeitlichen Abweichungen vom Mittelwert bei* 50 mV *an der ersten steigenden Flanke.* 111

7.7 *Qualität der PCR bei der Bestimmung der Feuchte mit dem TDT.* 113

7.8 *Qualität der PLSR bei der Bestimmung der Feuchte mit dem TDT.* 114

7.9 *Qualität des ANNs bei der Bestimmung der Feuchte mit dem TDT.* 114

7.10 *Breitbandiger 8-fach-Wilkinson-Teiler.* 116

7.11 *Streuparameter des Wilkinson-Teilers.* 116

7.12 *Vom Mittelwert befreite Temperatur; über mehrere Tage mit zwei Messfühlern aufgenommen. An den Wochenenden und nachts ist die Klimaanlage abgeschaltet. Morgens sinkt die Temperatur auf ein Minimum und steigt dann über den Tag näherungsweise linear an.* 117

7.13 *Qualität der PCR bei der Bestimmung der Feuchte mit dem M-Sequenz-System.* 120

7.14 *Qualität der PLSR bei der Bestimmung der Feuchte mit dem M-Sequenz-System.* 121

7.15 *Qualität des ANNs bei der Bestimmung der Feuchte mit dem M-Sequenz-System.* 121

7.16 *Blockschaltbild des Abtastoszilloskops mit FPGA.* 124

7.17 *Prototyp des Abtastoszilloskops mit FPGA, modularer Aufbau.* 124

7.18 *Eine der vermessenen Flaschen gefüllt mit einer Mischung aus Ethanol und Wasser.* 126

ABBILDUNGSVERZEICHNIS

7.19 *Qualität der PCR bei der Bestimmung des Wassergehaltes mit dem FPGA-basierten System.* 127

7.20 *Qualität der PLSR bei der Bestimmung des Wassergehaltes mit dem FPGA-basierten System.* 127

7.21 *Qualität des ANNs bei der Bestimmung des Wassergehaltes mit dem FPGA-basierten System.* 128

A.1 *Dual polarisierte Antenne bestehend aus vier Vivaldi-Antennen in doppelt paralleler Anordnung.* 157

A.2 *Dual polarisierte Antenne bestehend aus vier Vivaldi-Antennen in überkreuzter Anordnung.* 158

A.3 *Simulierter Gewinn der dual polarisierten UWB-Antenne (siehe Kapitel 6.1.1.1), E-Ebene, Tor 1 angeregt.* 158

A.4 *Simulierter Gewinn der dual polarisierten UWB-Antenne (siehe Kapitel 6.1.1.1), H-Ebene, Tor 1 angeregt.* 159

A.5 *Prototyp der Mikrocontroller-Platine, Abmessungen der Platine: 90 mm × 70 mm.* 159

A.6 *Interne Konfiguration des FPGAs.* 160

A.7 *Realisierung der Rechen- und Speichereinheit.* 160

A.8 *Ausschnitt einer mit einem FPGA und einem Parallel-Seriell-Wandler erzeugten M-Sequenz. Datenrate: 2,5 Gbps.* 161

A.9 *Aufbau für Reflexionsmessungen.* 161

ABBILDUNGSVERZEICHNIS

Tabellenverzeichnis

6.1 Vergleich zwischen PLSR und Klassifikation in dielektrische Klassen mit anschließend angewendeter PLSR in jeder Klasse. 90

6.2 Parameter der Testobjekte aus Silikon und Graphit. 95

6.2 Parameter der Testobjekte aus Silikon und Graphit. (Fortsetzung) 96

6.3 Parameter der Testobjekte aus feuchtem Tongranulat. 100

7.1 Parameter der Testobjekte aus feuchtem Tongranulat für die Messung mit dem TDT. 112

7.1 Parameter der Testobjekte aus feuchtem Tongranulat für die Messung mit dem TDT. (Fortsetzung) 113

7.2 Parameter der Testobjekte aus feuchtem Tongranulat für die Messung mit dem M-Sequenz-System. 119

7.2 Parameter der Testobjekte aus feuchtem Tongranulat für die Messung mit dem M-Sequenz-System. (Fortsetzung) 120

7.3 Parameter der mit Ethanol und Wasser gefüllten Flaschen. 126

7.4 Vergleich der Leistungsfähigkeit der Messsysteme bei der Bestimmung des Feuchtegehaltes von Tongranulat, der Jitter des Tektronix TDS8000 ist aus dessen Datenblatt entnommen. Bei dem TDS und TDT ist die Mittelwertbildung nicht berücksichtigt. 128

8.1 Vergleich des hier vorgestellten Verfahrens mit anderen Publikationen hinsichtlich der Genauigkeit bei der Bestimmung der Feuchte verschiedener Materialien. Bis auf das hier vorgestellte sind alle anderen Verfahren kontaktierend und/oder erfordern eine spezielle Geometrie des Messobjektes. . 131

8.2 Unterscheidung in verschiedene Kategorien bezüglich der Leistungsfähigkeit und mögliche Anwendungen bzw. Einsatzgebiete anhand des RERs. 131

TABELLENVERZEICHNIS

Anhang A

Ergänzende Abbildungen

A.1 Dual polarisierte Vivaldi Antennen

Abbildung A.1: *Dual polarisierte Antenne bestehend aus vier Vivaldi-Antennen in doppelt paralleler Anordnung.*

ANHANG A. ERGÄNZENDE ABBILDUNGEN

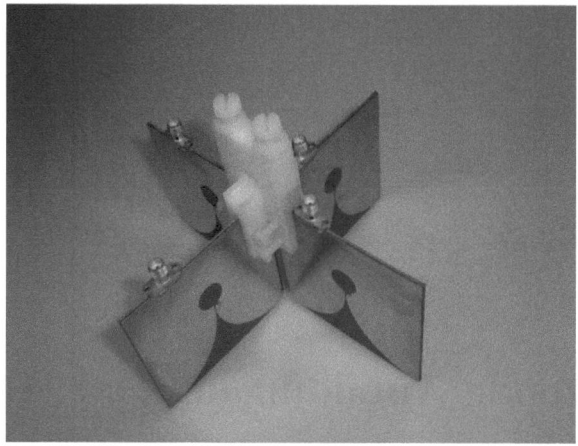

Abbildung A.2: *Dual polarisierte Antenne bestehend aus vier Vivaldi-Antennen in überkreuzter Anordnung.*

A.2 Strahlungsdiagramme

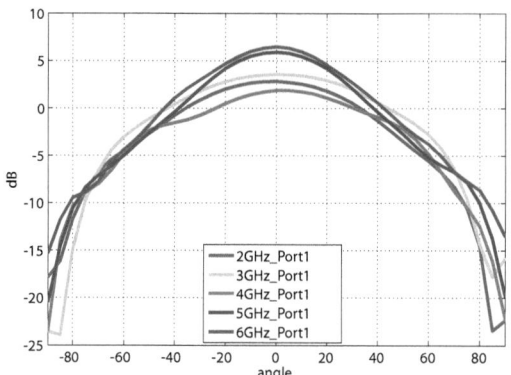

Abbildung A.3: *Simulierter Gewinn der dual polarisierten UWB-Antenne (siehe Kapitel 6.1.1.1), E-Ebene, Tor 1 angeregt.*

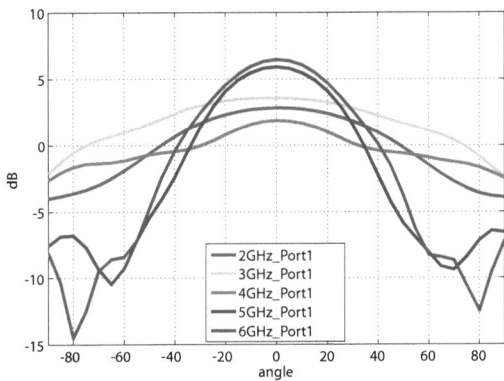

Abbildung A.4: *Simulierter Gewinn der dual polarisierten UWB-Antenne (siehe Kapitel 6.1.1.1), H-Ebene, Tor 1 angeregt.*

A.3 Mikrocontroller

Abbildung A.5: *Prototyp der Mikrocontroller-Platine, Abmessungen der Platine:* 90 mm × 70 mm.

ANHANG A. ERGÄNZENDE ABBILDUNGEN

A.4 Konfiguration des FPGAs

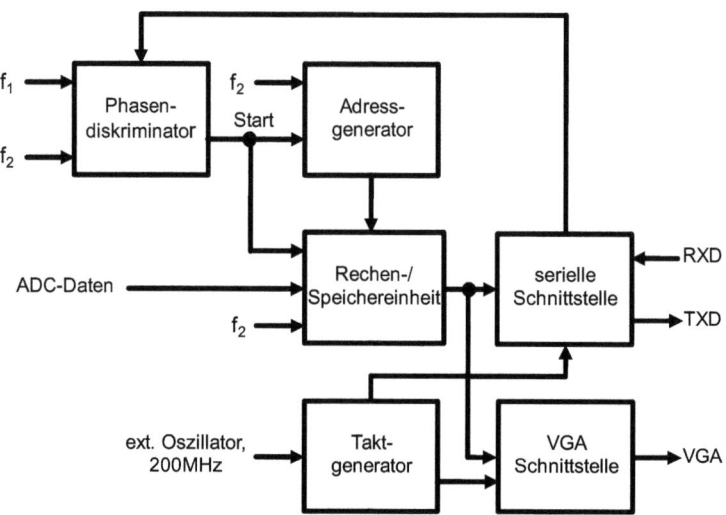

Abbildung A.6: *Interne Konfiguration des FPGAs.*

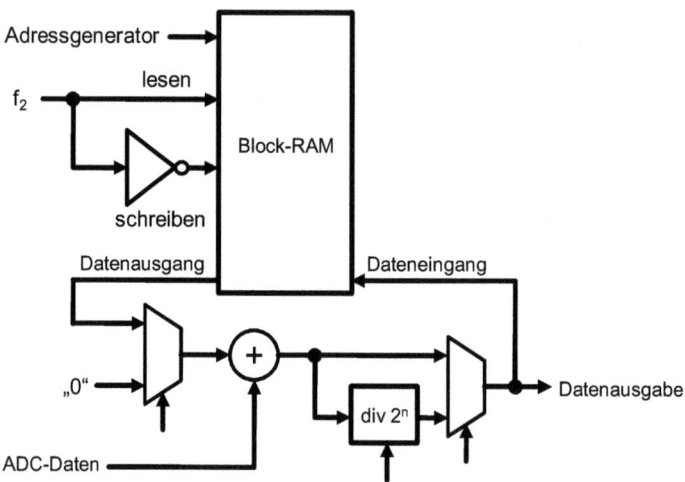

Abbildung A.7: *Realisierung der Rechen- und Speichereinheit.*

A.5 Erzeugung von M-Sequenzen

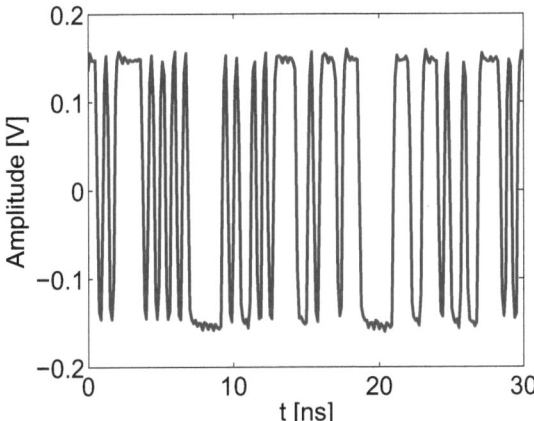

Abbildung A.8: *Ausschnitt einer mit einem FPGA und einem Parallel-Seriell-Wandler erzeugten M-Sequenz. Datenrate:* 2,5 Gbps.

A.6 Reflexionsmessverfahren

Abbildung A.9: *Aufbau für Reflexionsmessungen.*

i want morebooks!

Buy your books fast and straightforward online - at one of world's fastest growing online book stores! Environmentally sound due to Print-on-Demand technologies.

Buy your books online at
www.get-morebooks.com

Kaufen Sie Ihre Bücher schnell und unkompliziert online – auf einer der am schnellsten wachsenden Buchhandelsplattformen weltweit! Dank Print-On-Demand umwelt- und ressourcenschonend produziert.

Bücher schneller online kaufen
www.morebooks.de

VDM Verlagsservicegesellschaft mbH
Heinrich-Böcking-Str. 6-8
D - 66121 Saarbrücken

Telefon: +49 681 3720 174
Telefax: +49 681 3720 1749

info@vdm-vsg.de
www.vdm-vsg.de

Printed by Books on Demand GmbH, Norderstedt / Germany